はじめてでも
よくわかる！

デジタルマーケティング集中講義

カティサーク 押切 孝雄 —— 著

本書のサポートサイト

本書の補足情報、訂正情報を掲載してあります。適宜ご参照ください。

http://book.mynavi.jp/supportsite/detail/9784839961619.html

- 本書は2017年3月段階での情報に基づいて執筆されています。
  本書に登場する製品やソフトウェア、サービスのバージョン、画面、機能、URL、
  製品のスペックなどの情報は、すべてその原稿執筆時点でのものです。
  執筆以降に変更されている可能性がありますので、ご了承ください。

- 本書に記載された内容は、情報の提供のみを目的としております。
  したがって、本書を用いての運用はすべてお客様自身の責任と判断において行ってください。

- 本書の制作にあたっては正確な記述につとめましたが、
  著者や出版社のいずれも、本書の内容に関してなんらかの保証をするものではなく、
  内容に関するいかなる運用結果についてもいっさいの責任を負いません。あらかじめご了承ください。

- 本書中の会社名や商品名は、該当する各社の商標または登録商標です。
  本書中ではTMおよびRマークは省略させていただいております。

はじめに

映画『her』（スパイク・ジョーンズ監督）は、感情を持つ人工知能（AI）がテーマでした。2014年に日本で封切られた時に、この映画を観た大部分の人は、AIに好意を抱くなんて映画の中だけの世界で、非現実的だと思ったことでしょう（私もその1人でした）。

それが、たった3年後の2017年以降に再度この映画を見てみると、これは近い将来に実現するのではないかと思えてくるから不思議です。

本書で紹介するAmazon EchoやGoogle Homeといった、パソコンでもスマートフォンでもない、音声で日常的に人工知能とやりとりするIoT機器が、米国などの国や地域によっては徐々に自宅に入り込んできている時代だからです（詳しくは第12講で紹介します）。

そして、AIが機械学習をして、テクノロジーが指数関数的に成長しているため、たった3年で、人々の生活を大きく変えています。

本書は、『her』の日本公開と同じ年、2014年に刊行された拙著『はじめてでもよくわかる！Webマーケティング集中講義』（マイナビ出版）の続編にあたります。

この3年は、実に大きな3年でした。インターネット革命の第3次産業革命が成熟し、同時にIoTに代表される第4次産業革命が幕を開けた時期です。

第4次産業革命時代のマーケティングの書籍を執筆するにあたり、Webマーケティングの枠組みよりも大きな「デジタルマーケティング」という枠組みで取り組むことにしました。

Webマーケティングとは、主にパソコンやスマートフォンを介してのマーケティングです。それに対して、デジタルマーケティングでは、パソコンやスマートフォンだけでなくIoT機器も含めたより幅の広いマーケティング活動が含まれます。

前著ではGoogleトレンドやキーワードプランナーなどGoogleのツールの出番が多かったのですが、今回はAmazonのサービスが多数出てくることに読み進めていくうちに気づくと思います。Amazon Goや、Amazon NowにAmazon Dashなど、リ

アルとネットをつなぐサービスをAmazonが矢継ぎ早に提供しはじめたからです。

・・・

私は大学講師としてのアカデミックな側面と、Webの制作やコンサルティングを中心としたデジタルマーケティングの会社を経営する者として、企業の論理も知る立場にいます。

そこで本書では、前作と同様に、理論と実際の企業のデジタルマーケティングの事例を織り交ぜながら全12回にわたって講義をすすめています。

EC市場やWeb広告といった基本から、マーケティングオートメーション、シェアリングエコノミー、3Dプリンティング、4Dプリンティングまで、デジタルマーケティングの幅広いトピックを扱っています。

さらには第5次産業革命のシンギュラリティまでを見据えた内容を提供しています。

・・・

前著（『はじめてでもよくわかる！Webマーケティング集中講義』）と内容の重複をなるべく避けるため、前著の情報は、適宜、欄外に前著の第何講に書かれていると明記しています。本書だけでも学習するには問題ありませんが、興味がある方はぜひ前著も読んでみてください。

・・・

本書は、実際に大学の講義での教科書としても採用されています。

はじめてデジタルマーケティングを学ぶ人向けに構成されていますので、大学生〜大学院生〜社会人のデジタルマーケティングに関心のある人までを想定しています。

本書を手に取ったあなたのことです。

・・・

読みすすめていくうちに、何か一つでも発見がありましたら幸いです。

2017年4月
株式会社カティサーク代表取締役　押切孝雄
www.cuttysark.co.jp

もくじ

第1講 デジタルマーケティングと第4次産業革命

1・1　デジタルマーケティングとは何か? 002
1・2　モノのインターネット (IoT) とは? 004
1・3　IoTですべてのモノがネットにつながる 005
1・4　デジタルで売れる仕組みを構築 008
1・5　ドローンによる第4次産業革命 010
1・6　第1次から第5次産業革命まで 014
考えてみよう! 017
ちょっと深堀り 018
復習クイズ 020

第2講 ネットとリアルの融合、テクノロジー自動化

2・1　Amazonの3つのテクノロジー自動化 022
2・2　ネットとリアルの融合：Amazon Dash 022
2・3　Amazon Goとリアル店舗の変化 024
2・4　ロボットが稼働する倉庫 027
2・5　金融分野のテクノロジー自動化 Fintech 028
2・6　見込み客の育成にマーケティングオートメーション (MA) 031
考えてみよう! 035
ちょっと深堀り 036
復習クイズ 038

第3講 顧客心理モデルとデジタルマーケティング

3・1　マーケティング4.0とは何か? 040
3・2　「人間の4つの根本的欲求モデル」とは? 043
3・3　Googleローカルガイドと4つのニーズ 045
3・4　「AISARE」とエヴァンジェリストの創造 048
3・5　Webサービスを「AISARE」で読み解く 049
考えてみよう! 053
ちょっと深堀り 054
復習クイズ 056

v

第4講 限界費用ゼロのデジタルマーケティングとUI・UX

4・1 限界費用とは — 058

4・2 Airbnbの破壊的なビジネスモデル：限界費用ゼロ — 060

4・3 ユーザー体験（UX）とは？ — 062

4・4 ユーザー体験（UX）を上げる重要な要素：自動化 — 064

4・5 スマートフォンのUI/UX — 066

考えてみよう！ — 071

ちょっと深堀り — 072

復習クイズ — 074

第5講 ローカルビジネスSEOとエンゲージメント

5・1 ローカルビジネスに適用しやすくなったデジタルマーケティング — 076

5・2 ローカルビジネス戦略とAISARE — 077

5・3 ローカルビジネスのSEOとは — 078

5・4 Googleマイビジネス — 082

5・5 競合がいる場合のローカルビジネスSEO — 083

5・6 LINE@で顧客との絆を築く — 086

5・7 LINE@の特徴とエンゲージメント — 089

考えてみよう！ — 091

ちょっと深堀り — 092

復習クイズ — 094

第6講 EC市場の進展、リアルの展開とシェアリングエコノミー

6・1 EC市場とリアル市場の大きさ・Webの伸び — 096

6・2 納品までの時間を短縮：Amazon Prime Now — 099

6・3 リアル店舗でのアプリ活用：IKEA Storeアプリ — 101

6・4 シェアリングエコノミー — 103

考えてみよう！ — 113

ちょっと深堀り — 114

復習クイズ — 116

第 7 講 SEO の歴史とコンテンツマーケティング、Web メディアと倫理

7・1 コンテンツマーケティングについて	118
7・2 SEO の要点	119
7・3 SEO の歴史	121
7・4 コンテンツ SEO の要諦	127
考えてみよう！	132
ちょっと深堀り	133
復習クイズ	134

第 8 講 SNS と動画のマーケティング

8・1 SNS のデジタルマーケティング	136
8・2 Facebook と「つながり」について	139
8・3 Twitter と SNS 分析	142
8・4 フリーミアムとしての YouTube	147
考えてみよう！	153
ちょっと深堀り	154
復習クイズ	156

第 9 講 Web 広告とアドテクノロジーの進展

9・1 インターネット広告の進化	158
9・2 Facebook 広告	160
9・3 Twitter 広告の進化	168
考えてみよう！	173
ちょっと深堀り	174
復習クイズ	176

第10講 動画とWebサイトの分析ツール

10・1 YouTubeアナリティクス ——————————————————————— 178
10・2 Googleアナリティクス ——————————————————————— 189
考えてみよう！ ———————————————————————————————— 200
ちょっと深堀り ———————————————————————————————— 201
復習クイズ —————————————————————————————————— 202

第11講 オウンドメディアを強化する10のツール＋1

11・1 自社メディアとキーワードの重要性 ——————————————— 204
11・2 自社を知るツール ————————————————————————— 210
11・3 コンテンツを作るツール —————————————————————— 219
ちょっと深堀り ———————————————————————————————— 225
考えてみよう！ ———————————————————————————————— 226
復習クイズ —————————————————————————————————— 227

第12講 ポストスマートフォン時代からシンギュラリティ、第5次産業革命へ

12・1 第4次産業革命ポストスマートフォン時代 ——————————— 230
12・2 第5次産業革命のシンギュラリティへ —————————————— 242
ちょっと深堀り ———————————————————————————————— 244
考えてみよう！ ———————————————————————————————— 246
復習クイズ —————————————————————————————————— 247

あとがき —————————————————————————————————— 248
INDEX ——————————————————————————————————— 250
参考文献 —————————————————————————————————— 254

「われわれは、明らかに、いまだこの転換期の真っ只中にいる。もしこれまでの歴史どおりに動くならば、この転換期が終わるのは、2010年ないしは2020年となる。
しかしこの転換期は、すでに世界の政治、経済、社会、倫理の様相を変えてしまっている。1990年に生まれた者が成人に達する頃には、彼らの祖父母の生きた世界や父母の生まれた世界は、想像することもできないものとなっているであろう。」

出典：ピーター・F・ドラッカー『ポスト資本主義社会』p24 ダイヤモンド社 1993年刊

第1講

デジタルマーケティングと第4次産業革命

第4次産業革命が興り、社会が変革の最中にあることを理解しましょう

はじめに

第1講の要点は3つあります。大きな流れとして第1次産業革命から第5次産業革命までもおさえること、現在進行中のデジタルマーケティングをおさえること、そして用語としてだけではなく事例を通してIoTを理解することです。
まずデジタルマーケティングについて講義をはじめていきます。

| 1・1 | デジタルマーケティングとは何か？ |

デジタルマーケティングとは、顧客満足度を高めた上で「デジタル技術を活用して売れる仕組みをつくる」ことと本書では定義します。
マーケティングは、顧客満足度を高めた上で「売れる仕組みを作ること」です。
同様にWebマーケティングとは、顧客満足度を高めた上で「Webを活用して売れる仕組みをつくること」です。
マーケティングの定義は、人や団体によってさまざまです。
「マーケティング」というカタカナではすぐにピンとこなくても、「売れる仕組みをつくること」という12文字のカタカナではない簡潔な日本語であれば、たとえ中学生が読んだとしても理解できるでしょう。わかりやすく解説するのが本書の役割です。
デジタルマーケティングは、マーケティングよりは狭く、Webマーケティングよりも幅の広い概念です（図1-1参照）。

・・・

「Webマーケティング」という言葉だけでなく、近年では「デジタルマーケティング」という言葉をよく聞くようになってきました。
なぜでしょうか？

マーケティングの定義：コトラー
マーケティングとは、ニーズに応えて利益を上げること。
『マーケティング・マネジメント』第12版 フィリップ・コトラー、他

マーケティングの定義：ドラッカー
マーケティングの究極の目標は、セリング（売り込み）を不要にすることだ。
『マネジメント（エッセンシャル版）』ピーター・ドラッカー

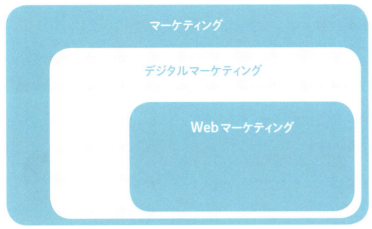

図1-1：マーケティング、デジタルマーケティング、Webマーケティングの関係

たとえば2000年段階では、まだスマートフォンがなく、インターネットの主役はパソコンでした。この頃のデジタルなマーケティングといえば、パソコンのWebブラウザを通したWebマーケティングのことでした。
2010年になると、スマートフォンが徐々に浸透していきます。それに伴いアプリも使うようになります。すると、パソコンのWebブラウザを用いたWebマーケティングだけでなく、スマートフォンのアプリも活用したデジタルなマーケティングになっていきます。
そして、2015年以降ともなると、パソコンやスマートフォンにとどまらず、さまざまなモノがインターネットにつながるようになってきました。
それらデジタル機器をも活用したマーケティングとなりますから、デジタルマーケティングという言葉がしっくりきます。

> 欧米ではもともと「Webマーケティング」という言葉よりも、「デジタルマーケティング」という言葉が主流でした。近年では日本でもデジタルマーケティングという言葉が広く使われるようになってきました。

・・・

パソコンやスマートフォンはネットにつながることを前提にしていることがほとんどです。ネットにつながらなければ、メールもソーシャルメディアも使えず、Google検索もできませんから、スタンドアロンで使用することは、一部の業務など特別な場合を除いてないといってよいでしょう。
同様の流れの中で、2016年以降には、これまでネットにつながらないことを前提として活用されてきた機器が、続々とネットにつながってきています。これが、モノのインターネット（IoT）化です。

第1講 デジタルマーケティングと第4次産業革命

003

1.2 モノのインターネット（IoT）とは？

モノのインターネット（IoT）とは、パソコンやスマートフォンといった情報通信機器だけでなく、これまでネットにつながらなかったモノに通信機能をもたせ、インターネットに接続したり、相互に通信することで、自動認識や制御、遠隔計測を行うことです。

> IoTはInternet of Thingsの略です。

2003年にネットにつながるデバイスが5億個だったものが、2020年にインターネットにつながる機器の数が500億個になるというレポートがあります（図1-2）。

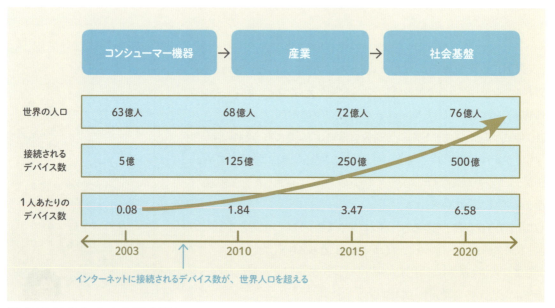

図1-2：モノのインターネット（IoT）の到来
出典：Cisco IBSG（Internet Business Solutions Group）の調査 http://cisco-inspire.jp/issues/0010/cover_story.html

インターネットにつながるモノ（機器）が驚異的に増加する様子がわかりますね。

インターネットによる第3次産業革命までは、ネットにつながるべくして作られた機器（パソコン、スマホ）がネットに接続しました。

現在進行中のモノのインターネット（IoT）による第4次産業革命では、ネットにつながることを前提としていなかった、これまでスタンドアロンで使われてきた機器が、続々とネットにつながっていきます（図1-3）。これが、第4次産業革命の要諦です。

> 第3次産業革命についてはP.015で説明します。

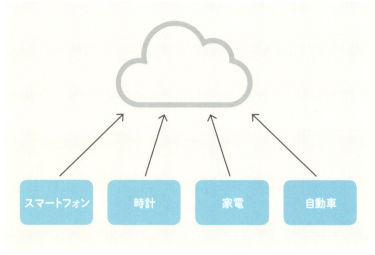

図1-3：さまざまなモノがネットにつながる

これまでネットにつながらずに通常通り使えていたのなら、これからネットにつながっても、大きなメリットは無いのではないか？と思う人もいるかもしれません。

それでは、これまでネットにつながることが無かったモノがネット（デジタル）に繋がり、売れる仕組みを作った（マーケティング）事例を次にみていきましょう。

1・3　IoTですべてのモノがネットにつながる

第4次産業革命により、知らず知らずのうちに、さまざまなモノがネットに接続されてきています。たとえば、洗濯機や乾燥機です。

■ 無人の店舗が繁盛する理由

近年、羽毛布団などの大物が洗えて、その日のうちに乾燥させて持ち帰ることのできるコインランドリーが増えています。

コインランドリーのフランチャイズを日本全国で数百店舗規模で展開している株式会社mammaciaoによれば、共働き世帯が増えているため、週末にまとめて自宅の洗濯機で数回回して洗うのではなく、コインランドリーの大きな洗濯機で1度に洗うといった利用も増えているといいます。たしかに大型コインランドリーなら家庭用洗濯機の約3倍の27キロの大型洗濯機があ

りますので、家庭で3回洗うよりも一度に洗えて時間短縮にもつながります。さらに、近年のIoTにより、洗濯機や乾燥機がインターネットにつながったことで、利用の可視化ができるようになり、売れる仕組みを作っているといいます（図1-4）。

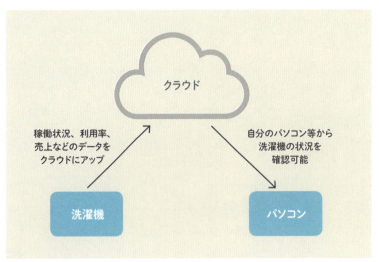

図1-4：洗濯機とIoT

■ IoTかスタンドアロンかが大きな差をうむ

無人の店舗のコインランドリーが、売上を伸ばしている秘訣は何でしょうか？
要因の1つに、IoTによる計測とマーケティングがあります。
コインランドリーは無人の店舗です。24時間年中無休の店舗も多くあります。掃除は定期的に行われるので、人が管理していますが、店舗に四六時中常駐する店員はいません。その代わりにコインランドリーの業務用の洗濯機や乾燥機がネットにつながっています。

■ 洗濯機がネットに接続する効果

洗濯機と乾燥機がネットにつながっていない時にわからなかったことと、つながってわかるようになったことは、たとえば次のようなことです。

ネットにつながっていなかったらわからないこと・手間がかかること：

● 売上はお金を回収する時にしかわからない。

● 1日のうちで何時にいくら売上があがったかわからない。

● 複数台の洗濯機のうち、どの洗濯機がいくら売り上げなのか、コインボックスを開けて手で集計する時にしかわからず、各機器の売り上げを調べるのに手間がかかる（実際には手間がかかりすぎて、各機器の売上を調べることができない）。

ネットにつながっていたらわかること・簡単になること：

● 日々の売上がWebで確認できる

● 月曜日から日曜日までで、どの曜日の売上が良いのか傾向が簡単につかめる

● いつ、どの時間帯に稼働したかがわかる

● 混んでいる曜日・時間帯が特定できる

● 24時間の営業時間のうち、意外な時間の利用率が高いことがわかることがある

■ 洗濯機がネットにつながった結果どうなるのか？

洗濯機や乾燥機がネットにつながることで、データを収集できるようになります。そのデータを分析することで売上を上げるための打ち手・対策が立てられます。その結果、顧客の満足度が上がり、利用頻度が高まることで、売上が上がっていきます。

たとえば、データをみて、土日の売上が高いという点に注目しましょう。

売上が高いことは一見良いことのように思えますが、一方で、お店が混雑していることがわかります。洗濯機や乾燥機が全台埋まっている場合、お客さんは順番を待つか、諦めて他店へ移動することになります。つまり、混雑することで、顧客満足度が低下することがあります。

すぐに洗濯できると思ってお店に行ってみたら、洗濯機も乾燥機も埋まっていたとなったら、待ちたくないと思う人もいるでしょう。

したがって、特定の曜日だけが混雑しないように、なるべく平準化ができたほうがよいのです。

■ 平準化の施策

土日が混雑するのであれば、お客さんに平日に来てもらうための策を練ることになります。

> **平準化策1：価格訴求**
> 最も簡単な対策は、価格です。平日の価格を割引価格で安く設定します（近年の機器は高度化していて、時間による価格の設定ができるものがあります）。すると、仕事などの都合で土日でなくては来られない人は、やはり土日に来ますが、平日でも来られる顧客で、価格に対してセンシティブな人は、平日に移動するようになります。
> 平日に来店することで待たずにすぐに利用できることが多く、利用料金も安くなれば言うことなしです。

> **平準化策2：告知**
> 価格を変えなくても、店内の掲示板に「土日は混み合います。平日の午後が比較的空いています」と書いても効果が見込めます。
> このインフォメーションだけでも、混み具合の分散化に影響があります。土日の混み合う時間を避けて、空いている時間に利用する人が増えるため、顧客満足度もあがるのです。

洗濯機と乾燥機がネットにつながることで、データを確認できて、その結果、顧客満足度があがる対策を取れるようになるのです。

> **ネットにつながるコインランドリー**
> 洗濯機や乾燥機の機種にもよりますが、価格の設定を時間単位でできます。
> 特に月曜日から金曜日の昼過ぎの13時から18時までの時間帯限定で100円割引というような設定も可能です。
> さらに、洗濯や乾燥が終わったら、スマートフォンに連絡がくるサービスがあるコインランドリーもあります。

1・4 デジタルで売れる仕組みを構築

IoTでこれまでネットにつながっていなかった機器がネットにつながりだすと、これまでブラックボックスだった情報がつまびらかになります。その結果、顧客満足度を高めた上で売上を上げるための対策が取れるようになります。Webサイトであれば、アクセス解析があります。
アクセス解析のデータをみると、Webサイトにいつどこからどのくらいのアクセスがあったのかといったことがわかります。IoTによってネットにつながっ

アクセス解析については第10講で紹介します。

た機器は、アクセス解析のように日々刻々とデータを記録してくれるため、どの機器の利用率が高いのか、客観的なデータを教えてくれます。
一度使い始めると、便利なため、使っていなかった頃には戻れないようになります。

・・・

もしIoTではなく、人が同様のことをするなら、24時間365日お店にいて、お客さんがどの機械をいつ利用したのかを記録する必要があります。試算すると、1日8時間3交代制ということになりますので、時給1,000円としても、1日24,000円。コインランドリーという業態でこれをしようとすると、確実に赤字になります。
実質的に不可能なことを、IoTが解決してくれます。
一度機器がネットにつながってしまうと、ネットにつながっていない洗濯機のことは考えられなくなります。
本講扉のドラッカーの言葉にもあるように、祖父母の時代のことを想像できなくなるというのは、このようなことの積み重ねで起こります。消費者としては、徐々に変わっていくため、あまり急激な変化を感じないものの、10年、20年のスパンで振り返ってみると、大きく変わっていることがわかります。

■ デジタル化の目的

企業がデジタル化、IoT化を推進する目的は何でしょうか？
究極的には2つに集約されます。
顧客満足度を上げた上での売上の増大、コストの削減です。
コインランドリーの事例でも、この次に紹介するドローンの事例でも、売上を増大させ、コストを削減するためにIoT化していきます。
データは、記録の集積であり、その時どきの状況を数値で教えてくれるのです。
データを、どのように活用するかが重要です。
企業の場合なら、目的は、顧客の利便性を高めることで結果として売上を上げることと、コストを抑えることの2点に収斂されます。
この2つの点を念頭におくと、データを持った時に、進むべき方向が明らかなので、打つ手が見えてきます。

データが先にあって、このデータをどうにかして使いたいという発想から進むと、なかなかうまくいきません。

1・5　ドローンによる第4次産業革命

コインランドリーのように、これまでネットに繋がらなかった機器がネットに接続することにより売れる仕組みをつくれる事例（デジタルマーケティング）を見てきました。

IoTによって、既存の分野の延長線上ではなく、全く新しい産業が立ち上がりつつあります。

その1つがドローン産業です。

2013年にAmazonがプライムエアを飛ばすということで、その様子を動画で見た時に衝撃を受けた人もいたかもしれません。当時はまだ現実感がなく、企業ブランドイメージ向上の1つくらいに感じていた人もいたでしょう。その後2016年にはイギリスのAmazonで一部サービスが始まりました。

日本では、2015年4月にドローンが首相官邸に墜落したことでも有名になりました。

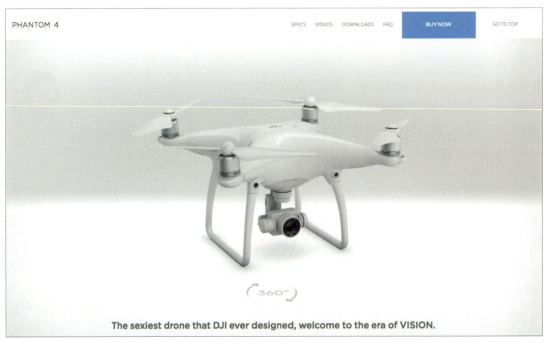

図1-5：　ドローン
出典：https://www.dji.com/phantom-4

そこから法整備が急ピッチで進められています。

ドローンとは、遠隔操作や自動制御によって飛行する無人機のことです（図1-5）。多くの場合、カメラやセンサーがついています。それにより、測量、橋梁検査、農薬散布などができるようになったのです。

■ ドローンと測量

測量は1000年以上前から人の手で行うものでした。エジプトのナイル川の測量計測は、紀元前から行われていました。

また、日本でも、19世紀初頭に伊能忠敬が行なった測量も人が行う仕事でした。計測するのは時間も人員も予算も必要です。

それが、21世紀に入って、カメラとセンサーのついたドローンが測量をはじめました。

たとえば、人手でこれまで30日間かかった測量があるとします。

この測量を人ではなく、ドローンが行えば、30日間を1日に短縮できます。生産性が30倍になるということです。

さらに、ドローンは空中から撮影を行いますので、高さの計測もできます。撮影した画像を統合することで、3Dの測量図になります。これにより、たとえば、城や天守閣などの実測が手軽にできるようになりました。

- - -

このようなドローンによる測量により、人手による測量ではできなかったことができるようになりました。時間も短縮できます。

■ ドローンによる橋梁検査

政府は橋梁の検査についてドローンなどの使用を一部義務付ける方針です。その内容は、2020年頃までには、国内の重要インフラ・老朽化インフラの20%はセンサー、ロボット、非破壊検査技術等の活用により点検・補修を効率化するというようなものです。

従来通り、橋梁の検査に足場をつくるとなると、時間もコストもかかります。日本全国に橋は70万橋ほどあります。そのうち建造されてから50年以上たつ橋梁は、2023年に43%にのぼると目されています。日本全国に30万橋にもなります。これらの橋を人の手で検査するとなると、膨大な時間とコストがかかります。それをドローンで検査すれば、時間とコストの削減になるわけです。

> 伊能忠敬が江戸時代に日本地図『大日本沿海輿地全図』を作った時、足掛け17年かかりました。

国土交通省のデータより
http://www.mlit.go.jp/road/sisaku/yobohozen/yobo1_1.pdf

ドローンは、4つのプロペラを持つ機体が主流ですが、さまざまな種類のドローンがあります。たとえば、橋梁検査専門のドローンは、橋に張り付くようにして検査をする必要があるため、図1-6のように、垂直方向のプロペラに加えて、水平方向のプロペラも兼ね備えています。
このようなドローンが橋梁検査の現場で活躍することになります。

図1-6：橋梁検査専門のドローン
https://www.prodrone.jp/archives/1400/
YouTubeの動画
https://www.youtube.com/watch?v=FjoPsWYtfxo

■ ドローンによる太陽光パネル検査

ドローンを活用すると、人にはなかなかできないこともできるようになります。世界的な自然エネルギー発電の進展により、日本でも太陽光発電向けのパネルが増えてきました。

太陽光パネルは、定期的な検査が行われます。目視で行われることが多いのです。ただ、目視では気づきにくいことがあります。それは、石などの異物が表面のパネル部分に当たることで、故障の原因となるのですが、注意深く検査をしないと見落とすことがあります（図1-7）。

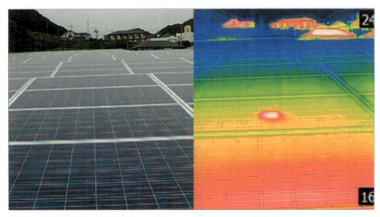

図1-7：太陽光パネルと赤外線サーモグラフィーカメラの画像　出典：http://www.skyrobot.co.jp/skyscan.html

太陽光パネルに石が当たって不具合が起きた場合、表面温度に異常をきたします。それをドローンに搭載した赤外線サーモグラフィーカメラで撮影します。すると、ピンポイントで故障の箇所がわかります。人の目でみると見落としてしまうようなものも色の変化でわかるため、検査がスムーズに行えるようになります。

■ ドローンと農業分野

農業分野にもIoTが導入されてきています。2つ紹介します。農薬の散布と、作物の生育状況の把握です。

1つ目の農薬の散布について、従来もヘリコプターで農薬を散布するという活用方法がありましたが、ドローンにより、より綿密な散布ができるようになりました（図1-8）。ドローンについているセンサーで地表からの距離を測り、農薬散布量を調整することで、最適化することができるようになったのです。

さらに、農薬散布だけでなく、作物の生育状況を把握できるようになりました。従来は作物の生育状況を把握するために、衛星写真を使用することがありました。しかし、精度が高くありませんでした。ドローンであれば、作物から近いところで生育状況を確認できるため、精度が上がりました。

> 赤外線カメラを搭載することで、温度を感知できますので、太陽光発電パネル以外でも、たとえば、災害地域で、夜間に人を感知するという活用方法があります。

図1-8：農業分野のドローン（写真提供：株式会社エンルート）

ここまでドローン活用の具体事例を見てきました。

商業利用ですので、目的は2つ。売上の増大と、コスト削減です。

ドローンは、単位あたりの売上を増大させ、短時間で終わりますので、コスト削減の効果があります。これにより効率化がはかれます。

■ ネットにつながるドローンとつながらないドローン

ドローンも、インターネットにつながったドローンと、スタンドアロンで使用されるドローンがあります。ネットに繋がったドローンは自動運転が可能になります。Amazonのドローンは、ネットに繋がったドローンです。それに対して、測量などの空撮を行うドローンは、人が操縦するパターンが多いです。ただ、人が操作する以上、人為的なミスによる墜落事故が起こりえます。ホビーとしてのドローンは、今後も人が操縦するものとして進化していきますが、事業用として利用されるドローンについては、徐々にネットにつながるドローンが主流になっていくと考えられます。

1·6　第1次から第5次産業革命まで

本書ではデジタルマーケティングの第4次産業革命を中心に取り扱っています。第1次から3次産業革命についてはメインテーマではありませんが、第4次産業革命を考えるにあたって、認識を合わせるために必須の内容になりますので、簡単にみていきましょう。

■ 第1次産業革命

第1次産業革命は、1760年代にイギリスではじまりました。1784年には世界初の機械織機ができ、紡績業が進展します。従来手作業によって生産していたものが、機械に置き換えられていきます。動力は石炭による蒸気機関が中心の革命でした。

■ 第2次産業革命

第2次産業革命は、1870年代にアメリカを中心に興ります。電気を使い大量生産を可能としました。世界初のベルトコンベアはシンシナティの食肉加工工場でした。動力は石油による電気エネルギーです。人・モノの移動技術（鉄道、自動車）が進展していきます。これにより、大量生産が可能

014

となり、発電機、電話、ラジオが生み出され、発展していきました。

■ 第3次産業革命
第3次産業革命は、情報通信産業が牽引しました。1969年、世界初のプログラマブルロジックコントローラに端を発します。特筆すべきは生産を自動化するための電子機器、IT、機器のマイコン制御化です。
一般消費者向けには1995年のWindows 95の発売により、インターネットにつながるパソコンが、世界的に爆発的に普及していきました。

・・・

こうしてみると、第1次産業革命から第3次産業革命まで、おおよそ100年に1度の変革ということがわかります。では第4次産業革命はさらに100年後かというと、それより早いタイミングで始まりました。

■ 第4次産業革命
第4次産業革命は、あらゆるモノにセンサーがついて、ログを取り、記録されることでおこります。そのログは、クラウドに送られます。そこでデータは解析され、意味のある情報となります。第4次産業革命では、クラウドや人工知能（AI）により情報が集められ分析されます。そして、最終的な判断や決断は人間が下します。

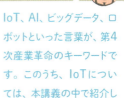

IoT、AI、ビッグデータ、ロボットといった言葉が、第4次産業革命のキーワードです。このうち、IoTについては、本講義の中で紹介してきました。

世界的に言えば、ドイツではインダストリー4.0という言葉で、製造業のデジタル化を官民挙げて取り組んでいます。
また、GE（アメリカ）では、インダストリアルインターネットという言葉を用いて、機器に予測機能を設けて、障害を予防することで、安全な世界を構築しようとしています。

GEの「インダストリアルインターネット」では、本書で言う第1次、第2次産業革命を「第一の波」と呼び、第3次産業革命を「第二の波」と呼び、第4次産業革命を「第三の波」と呼んでいる。
http://www.ge.com/jp/industrial-internet

	第1次産業革命	第2次産業革命	第3次産業革命	第4次産業革命	第5次産業革命
年代	1760年代から	1870年代から	1970年代から	2010年代から	2040年代から
動力	蒸気機関	電力	電力	電力	?
象徴的な燃料	石炭	石油	原子力	クリーンエネルギー	?
台頭した産業	紡績・鉄道	化学・自動車	IT	IoT	?
キーワード	機械化	大量生産	コンピュータ	ビッグデータ/AI	シンギュラリティ

■ 第5次産業革命

少々気の早い話ですが、現在進行している第4次産業革命があるなら、その次には第5次産業革命があると思う人もいるでしょう。第5次産業革命とは何でしょうか。

第4次産業革命では、判断するのは人と書きました。第5次産業革命とは、最終的な判断も人ではなく、コンピュータができるようになることです。

AIによりコンピュータが人よりも賢くなり、合理的な判断をコンピュータが下していきます。はじめのうちは人間も理解できる判断かもしれませんが、いずれ、全人類の判断力をたった1台のコンピュータの判断力が上回るようになります。

その時点をシンギュラリティといい、レイ・カーツワイルによると2045年頃に訪れるといいます。一度シンギュラリティが訪れたら、賢いコンピュータが、人間の思考力を上回っているため、人間には想像もつかないというわけです。

第5次産業革命のシンギュラリティについては、最終第12講で深掘りしていきます。
時間の限られた人は『シンギュラリティは近い（エッセンス版）』（NHK出版）がコンパクトにまとまっていておすすめ。

まとめ

第1講では、第1次産業革命から第5次産業革命までの全体像と、現在は第4次産業革命が進行中であることをみてきました。また、第4次産業革命では、身の回りのあらゆるモノがインターネットにつながるIoT化が進んでおり、たとえば洗濯機といった旧来ネットにつながっていなかった機器がネットにつながることで、デジタルマーケティング（デジタル技術を活用して売れる仕組みをつくる）ができる事例も紹介しました。さらに、第4次産業革命で新しく興りつつあるドローン産業のめばえについて学習しました。

考えてみよう

1 IoT化の流れの中で、どのようなモノがネットにつながるようになってきているか、具体的な例を挙げてみましょう。

大型トラック

解答例 旧来の設備がIoTでネットにつながる例の代表格として、世界中の採掘場で活躍しているコマツの大型のトラックもネットにつながっています。トラックにつけられたセンサーがネットにつながることで、たとえば、油圧の状況がわかります。消耗部品の状態がリアルタイムで把握できるため、メンテナンスがスムーズになります。

完全に故障してから急遽修理となると、負荷がかかりますが、ネットで状況を把握できるので、故障をする前に予防的な動きができます。

スマートウォッチ

解答例 GPSを内蔵したスマートウォッチやスマートフォンをつけて走ると、トラッキングされ、ストップウォッチの機能と組み合わせ、自分がどのペースで走っているかを知らせてくれるものがあります。「1キロ通過、5分経過、1キロ5分ペースです。」といった音声が自動で流れます。さらに、心拍数を計れるスマートウォッチもあります。たとえば、Apple Watchは心拍数を図れます。トレーニングにおいて走る速度よりも、心拍数の強度を重要視しているランナーも少なくありません。そのようなニーズをスマートウォッチで満たすことができるようになりました。

ちょっと深堀り

今回の講義では、第4次産業革命の真っ只中にいるということを勉強して、とてもおもしろい時代にいると思いました。

そうだね、ただ、未来はみんなに一斉に訪れるのではなくて、偏って存在してるって知ってた?

どういうことですか?

『プラダを着た悪魔』という映画を見たことある?

はい、映画館で上映していたときには子供だったので、リアルタイムでは見ていないのですが、アマゾンプライム会員なので、少し前にストリーミングで観ました。

メリル・ストリープ扮する編集長のミランダが、アン・ハサウェイ扮する新人のアンドレアの安物の青いセーターを指して、「なぜそのサエない"ブルーのセーター"を選んだ」かと話し出す場面があるでしょう。アンドレアは特に何の理由もなく着ていたものだけど、ハイファッション業界では何年も前に発表されていて、一大ブームになった色で、その後にデパートで売られる服にも影響して、しばらくたって最終的にアンドレアが着ていた廉価なファッションにもおりてきたというシーン。

僕はファッションについては疎いのですが、はじめにハイファッション業界で発表されて、相当な時間がたって、誰でも着るような服になるというエピソードでしたね。

そう。ファッションに興味関心の高い層にとっては、未来は早く訪れる一方で、同じ都市に住んでいても、ファッションになじみの薄い人にとっては、ファッションの未来は遅れてやってくるということだったね。

ということは、それはファッションだけではないということですか？

そのとおり。ファッションだけでなく、音楽に詳しい人なら次に来るトレンドがわかるというように、人の興味関心に応じて、意識をする分野がある人は、未来は他の人よりも早くやってくるということだね。

僕は、ゲームなら次のトレンドが読めるかもしれません（笑）

ゲームであっても自分が好きなことを究めることは悪いことではないよ。

今はゲームで遊ぶユーザー側ですが、ゲーム会社に就職して、新たなトレンドをつくる人になりたいです。なのでついつい遊んでしまいます。

あまり課金しすぎないように気をつけてね。

復習クイズ

1 デジタルマーケティングとは何でしょうか?

2 第4次産業革命とは何でしょうか?

3 IoTとは何でしょうか?

答え

1. デジタルマーケティングとは、顧客満足度を高めた上で「デジタル技術を活用して売れる仕組みをつくる」ことです。

2. 第4次産業革命は、あらゆるモノにセンサーがついて、ログを取り、記録されることで起こります。そのログは、クラウドに送られます。そこでデータは解析され、意味のある情報となります。第4次産業革命では、最終的な判断や決断は人間が下します。

3. モノのインターネット(IoT)とは、パソコンやスマートフォンといった情報通信機器だけでなく、これまでネットにつながらなかったモノに通信機能をもたせ、インターネットに接続したり、相互に通信することで、自動認識や制御、遠隔計測を行うことです。

ビジネス世界で「アマゾンされる」（To be Amazoned）と言えば、「急成長しているシアトルのオンライン会社が、自社の従来型事業から顧客と利益を根こそぎ奪っていくのをなすすべもなく見る」という意味になるのだ。

出典：『ジェフ・ベゾス　果てなき野望』（日経BP社）
ブラッド・ストーン（著）, 滑川 海彦（解説）, 井口 耕二（翻訳）
2014年　p009

第2講

ネットとリアルの融合、テクノロジー自動化

テクノロジーによる
自動化について
実例を通して理解しましょう

はじめに

第2講では、インターネットのテクノロジーが、リアルのビジネスに入り込んでいくことで起こっている変化と売れる仕組みについて解き明かしていきます。テクノロジーによる自動化について、Amazonの取組み（Amazon Dash、Amazon Go、倉庫内ロボットによる自動化）、Fintech、マーケティングオートメーション（MA）などの事例で見ていきます。テクノロジーがネットの世界だけでなく、実在の世界に入り込み、融合していて、単に現存するリアルのビジネスを脅かすという話ではなく、新たな切り口と新しいビジネスモデルで既存の商慣習を変えようとしています。

2·1　Amazonの3つのテクノロジー自動化

Amazonは、現実の世界にデジタルテクノロジーを適用して売れる仕組みを作り続けている興味深い企業の1つです。プラットフォームとしては会員制のAmazonプライムや電子書籍のKindleを作り上げ成長させています。また、この講のテーマであるテクノロジー自動化で売れる仕組みを作っているという意味で、Amazon Dash、Amazon Goと、Amazonのロボットによって自動化された倉庫を紹介します。まずこの3つについて前半で見ていきましょう。

2·2　ネットとリアルの融合：Amazon Dash

IoTでモノがネットにつながる時に、2つの種類があります。
これまでネットにつながらなかったモノがネットにつながる場合と、これまで見たことのないプロダクトが出現する場合です。
ネットにつながらなかったモノがネットにつながる例として、コインランドリーの洗濯機や乾燥機がネットにつながる事例を第1講で紹介しました。
また、これまで見たことのないプロダクトの例としては、第1講で見たドローン産業が挙げられます。
Amazon Dashボタンは、後者に属します。

米Amazonは、1995年にオンライン書店としてサービスを開始し、商品を1クリックで購入できる手軽さを消費者に提供した企業です。それは、はじめはパソコンからの体験で、やがてスマートフォンからもできるようになりました。そして、日本では2016年12月に、リアルの世界でもボタンを1回押すだけで商品を届けるAmazon Dashを開始しました。

たとえば、洗濯洗剤が無くなったら、洗剤専用のAmazon Dashボタンを押すと、Amazonが届けてくれるというサービスです（図2-1）。

Amazon Dash本体は500円で購入できますが、初回の買い物代金から500円を引いてくれるため、1回でも利用すれば、実質無料でボタンが手に入ります（2017年1月現在）。

図2-1：Amazon Dashボタンの例（https://www.amazon.co.jp/dp/B01L2WORIK/）

Amazon Dashボタンの設定は、スマートフォンから連携することで簡単に行えます。

1商品につき1つのボタンのため、洗濯洗剤専用のボタンは洗濯機のすぐ横に設置しておけば、無くなりそうな時にすぐに注文できます。Amazon Dashボタンの裏面に粘着テープがついているため、壁面に貼っておくこともできます。

さまざまな製品のAmazon Dashボタンがあります。たとえば、洗剤の他にも、水、柔軟剤、シャンプー、コーヒー、ペットフード、オムツといった最寄品が充実しています。

設定したら、1回ボタンを押すと、1回分の配送をしてくれます。誤って連打しても1回分の配送が完了するまでは2回3回分と配送されることはないので安心です。

■ 最寄品の購入がAmazon Dashボタンで手軽に

これまでAmazonといえば、比較検討してから購入するような買回品や、専門品に強みがありましたが、最寄品まで気軽に購入することができるように

なったことはインパクトがあります。Amazon Dashボタンは既存のビジネスから一定のシェアを奪う可能性があります。

たとえば、自宅の水道の水を飲まずに、ペットボトルの水を購入している家庭が一定程度あります。水は運ぼうとすると重いため、これまでスーパーで購入し、自家用車で運ぶ場合もありました。また、家から数分のスーパーマーケットで購入している人もいます。ただ、歩いて数分の距離であっても運ぶには重いため、毎回スーパーマーケットから台車を借りて、1ケース6本入り（2リットル×6＝24リットル）を3ケース運ぶということもありました。さらに、その水も数週間で消費しますので、毎回買い物に行かねばならず、手間がかかっていました。

それに対し、Amazon Dashはボタンを押すだけで届けてくれるため、利便性が高いといえます。一度利用し始めると、元のようにスーパーで購入する生活には戻れなくなる人もいるでしょう。

> 最寄品とは、近場のスーパーマーケットやコンビニで買うような、日々生活する上で使用する日用品や食品のことです。
> 買回品とは、パソコンやスマートフォンなどを買い換える時に、比較検討して買うような商品のことです。
> 専門品とは、ブランドものの服やバッグ、シューズなどの指名買いが発生するような商品のことです。

2・3　Amazon Goとリアル店舗の変化

Amazonが本格的に最寄品に入ってきたインパクトは、Amazon Dashにとどまりません。2016年12月Amazonは、シアトルに簡易的なスーパーをオープンすると発表しました。その斬新さから耳目を集めました。それは、レジがないことです（図2-2）。

図2-2：Amazon Go（https://www.amazon.com/b?node=16008589011）

Amazonに限らず小売業を中心に、これまでも無人のレジ（セルフレジ）はありました。

しかし、Amazon Goではレジ自体がありません。スマートフォンとAmazonの専用アプリとアカウントがあれば、Amazonがジャストウォークアウトテクノロジーと呼ぶ画像認識と、複数のセンサーによって、会計が自動でできるのです。

Amazonの会員でなければ利用できませんが、一度会員になれば、店内で商品を手にとって、そのまま店外に出ると、自動的にAmazonのアカウントから会計処理されるため手軽です。

会計のためにレジを待つ必要がないのは、顧客にとってはストレスが減り、お店にとってはレジ要員の人件費を削減することができます。

・・・

Amazonはオンライン書店事業からはじまりましたが、創業から約20年でリアル店舗へも進出を果たしました。そして、オンライン事業で培った1クリックで買える手軽さと同様に、リアル店舗ではレジをなくすことに成功しました。

このようなデジタルテクノロジーを享受できるのも、スマートフォンとAmazonアカウントが広く普及しているからです。

この試みがどこまで広がっていくのかは注目に値します。本講の扉でも紹介した「アマゾンされる（to be amazoned）」現象は、ネット書店を端緒にして、やがてリアルの店舗でも起き始めている事例といえます。

・・・

Amazon Goよりも前から、セルフレジの仕組みがあります。バーコード型とRFID型です。どのようなものなのかおさえておきましょう。

■ 従来のバーコード型セルフレジ

従来のセルフレジは、バーコードを消費者自らが読み取って精算する仕組みです。バーコード型のセルフレジは、日本国内でもTSUTAYAや、無印良品、SEIYU、イオンなどのさまざまな小売業、流通業をはじめとした店舗で導入されています。

セルフレジは、消費者自身で商品についているバーコードを1つずつ読み取るため、レジ操作に慣れた店員が扱うよりも時間はかかりがちです。

> バーコード型のセルフレジとRFID型の2つのタイプのセルフレジについて、この後に紹介します。

Amazon Goの紹介ビデオ（Amazon）
https://www.amazon.com/b?node=16008589011
Amazon Go 動画のURL（YouTube）：
https://www.youtube.com/watch?v=NrmMk1Myrxc

ただ、店舗によっては、セルフレジに不慣れな顧客向けに、セルフレジ3台から10台に1人程度の店員を配置すればよいので、その分の人件費を抑えられます。

また、顧客側も人によっては店員にレジを打ってもらうよりも自分で商品の会計ができたほうが気が楽という人もいるでしょう。全てのレジがセルフレジではなく、人のレジとセルフレジを選べるのであれば、店舗と顧客で双方ともにWin-Winの関係といえます。

バーコード型のセルフレジは、1つ1つ商品を読み取る必要がありますが、商品に次に紹介するRFIDタグがついていれば、一瞬にしてレジを終えることもできます。

■ RFID（ICタグ）型のセルフレジ

1つ1つのバーコードを読み取り手間がかかるレジがある一方で、5つの商品があっても、一瞬にして精算が終わるレジもあります。

ユニクロやGUなどのアパレルブランドを運営するファーストリテイリングでは、一部のGU店舗に、RFID（ICタグ）用のセルフレジが導入されています（2017年3月現在）（図2-3）。

図2-3：GUのRFIDタグマーク

RFIDは、電波でタグを読み取れるため、バーコードのように1つ1つ読み取らなくても、電波が届く範囲であれば、複数を一気にスキャンできます。セルフレジの下に配置されたコインロッカーのようなボックスに商品を入れて、セルフレジを開始します。RFIDにより商品情報を読み取るので、5つの商品なら5点を一度に読み取れます。このためバーコード型のセルフレジに比べて消費者の手間が少ないのです。

ではなぜRFIDが普及していないのでしょうか。

それは、バーコード型に比べてコストがかかるからです。今後、導入企業が増えていけばRFIDのコストが下がり、さらに導入企業が増えていくという好循環になります。

Amazonが独自技術で風穴をあけたことで、リアル店舗の会計も、今後、業界を横断して進化していくことが見込まれます。

2-4　ロボットが稼働する倉庫

図2-4：Amazonの倉庫で稼働するロボット
（https://www.youtube.com/watch?v=6557PGIZ7L4）

Amazonの倉庫では、ロボットが稼働しています。アメリカの倉庫ではじまり、日本の一部の倉庫でもロボットによる自動化が進んでいます。Amazonは2012年にKIVA SYSTEMSを買収して、ロボットによる在庫管理をすすめてきました。倉庫で、ロボットはどのように稼働しているのでしょうか（図2-4）。

従来の倉庫では、大きな倉庫内を人が動き回って、顧客が注文した書籍や商品を棚からピックアップしていました。倉庫で働く人は、注文処理用の端末をもっています。注文が入ると、どの棚に商品があるか端末が示してくれるので、棚へ移動して商品を取ります。そして、発送する流れでした。

人が移動してピッキングをおこないますので、Amazonのビジネスが拡大するにともない、注文がますます増え、広い倉庫内で、ピックアップの作業に人員の配置と工数がかかる問題がありました。

このような背景から、倉庫内の商品管理にロボット化を進めました。

ロボットというと、人の形をしたものをイメージすることがあるかもしれませんが、特に手足がなくても、CPU、センサー、動力の3要素があれば、自立して稼働するロボットになります。

> ロボットの三要素：「CPU」、「センサー」、「動力」の3つがロボットの3要素です。この3つを組み合わせて自律的に動くロボットになります。

Amazonの倉庫で稼働しているロボットは、箱のような形をしていますが、自立して動き、ぶつからないようにセンサーがついて、CPUが搭載されたロボットです。

Amazonの倉庫で働くロボットは、人型ではありませんが、自立して動きます。これまで人が動いて商品棚から在庫を取り出していたところから、人は動かずに定位置にいて、注文された商品がはいっている棚が動いて、人のところに運んで来るという逆の発想により、効率化されました。

このように、Amazonはテクノロジーを活用して、消費者の利便性の向上に役立てています。デジタルテクノロジーで売れる仕組みを作り上げ、強化し、ロボット化を推し進め、人の介在を減らすことで効率化させています。ここまで見てきたように、Amazonでは、Amazon Dashボタンという新しいデバイスの開発をすることで、パソコンやスマホによらないネットを通じた注文の仕組みを作り上げました。また、Amazon GoによるAmazonの会員情報とセンサーを組み合わせた快適な買い物体験の提案をしています。さらに注文を効率的にさばくために倉庫内への自律的に動くロボットの導入を推し進めています。

2·5 金融分野のテクノロジー自動化 Fintech

テクノロジー自動化の恩恵を受けているのは、なにも一般消費者や特定の企業だけではありません。多くの企業でもフィンテック（Fintech）によるテクノロジー自動化による恩恵の波が訪れています。

図2-5：会計サービスfreee（https://www.freee.co.jp/）

フィンテックとは、financial technologyの略で、テクノロジーを活用して金融サービスを進展させることです。

日本でも会計サービスのfreee、家計簿サービスのMoney Forward、請求書発行のMisocaなど、さまざまなサービスがあります（図2-5、図2-6）。たとえば、企業活動で切っても切り離せないのが請求書の発行です。日々の業務に組み込まれていて、毎月発行するような請求書は、中小企業を中心にいまだに表計算ソフトを活用しながら手動で発行している企業も少なからずあります。

さらに、プリントアウトした請求書に社印を押印して、封筒に入れ、郵送するのは、数が多くなればなるほど手間でした。

請求書を毎回手動で発行している会社では、確実に一定程度の時間がかかっています。ただし、これまでその手間を劇的に減らすサービスがなかったため、自動化することは簡単ではありませんでした。

このような請求書発行業務は、freeeという会計サービスや、Misocaという請求書作成サービスを利用すると、極限まで自動化できます。

図2-6：Misoca（ミソカ）（https://www.misoca.jp/）

たとえばMisocaの場合、毎月定額を請求している案件で、毎月いつ発行するかを設定しておけば、その日になると請求書が自動発行されます。たとえば、毎月月末に郵送する場合、10日前に自動的に請求書が生成されて、メールで教えてくれます。それをプリントアウトすれば請求書ができます。毎月の発行ではなくて、年間保守などで、半年に1回とか年間で1回だけ請求書を発行したい場合も、そのタイミングがくると自動で発行するように設定できます。

また、社印もWeb上に登録しておけるので、PDFでダウンロードして、カラー印刷でプリントアウトすれば、その上から社印を押すことなく、印刷した請求書をそのまま送付できます。請求書発行担当者へは、自動発行された旨、Misocaからメールで連絡を受けることも可能なので、請求書の定期的な発行の存在を忘れることもありません。自動化・効率化ができて、Misocaでは、ここまで無料でできます（2017年3月現在）。

会社によっては、請求書の郵送も自動化したいというニーズがあるでしょう。その場合は、郵送料プラス少額の手数料で、代行してプリントアウトした請求書を封筒詰めして、投函までおこなってくれます。

社内の請求書発行担当者の仕事を大幅に効率化できます。

■ 口座自動引落などの付加サービスまで

さらに、取引先によっては、毎月の請求額が一定なので、口座自動引き落としにしたいというニーズがでてくる時があります。その場合には、割安な手数料で、自動引落サービスも提供しています。

はじめは、請求書を毎月指定の日に自動で発行してくれて、それをPDFで一括ダウンロードする無料のサービスから利用し始めたとしても、その後で、付帯する便利なサービスへ移行する企業も増えています。

フリーミアムのビジネスモデルで、無料からはじめることができます。一度はじめたら、その利便性のために、元の手間のかかった時代には戻れなくなるサービスの典型です。

フリーミアム（Freemium）とは、基本的なサービスや製品は無料で提供し、より高度で特別な機能には料金を課金するビジネスモデルのこと。

・・・

企業が利益を残すには、シンプルな2つのことに帰結します。それは、売上をあげてコストを下げることです。請求書発行といった1つ1つの発行にはそれほど時間がかからないけれども、毎月毎月積み重なると全体として時間がかかるようなルーティンワークが一度自動化されると、その分の時間あたりの生産性があがります。そして、もうこれまでのように1件1件手動で発行しなくてよいのです。

2・6 見込み客の育成にマーケティングオートメーション（MA）

一般企業のテクノロジーによる自動化は、フィンテックだけにとどまりません。見込み客の見込み度を高めたり（リードナーチャリング）、購入意欲が高まったタイミング（ホットリード）をはかるために、マーケティングオートメーション（MA）は有効です。マーケティングオートメーションとは、見込み客の育成をメールとWebサイトなどを活用して自動化する仕組みのことです（図2-7）。

> リード（lead）とは、見込み客のことです。ナーチャリング（nurturing）とは、育成のことです。
> リードナーチャリングとは見込み客育成のことです。

図2-7：BtoBの見込み客獲得から成約までの流れ

企業活動をしていく上で、見込み客を集めてから成約するまでにいくつかの段階があります。BtoBでの一連のプロセスについて見てみましょう。

はじめに自社のサービスを知ってもらい、関心のある人を特定する（見込み客獲得）段階があります。見込み客獲得のことをリードジェネレーションともいいます。

その後に見込み客の見込み度を高めるために、メールを送ったり、Webサイトへのアクセスを促したりする育成施策をおこないます。この段階を見込み客育成またはリードナーチャリングとも言います。

そして、自社の商品やサービスを必要とする見込み客と商談をして、成約するという一連の流れです。

多くの企業では、営業部があり、顧客と接点を持ち、受注、アフターフォローまでをしています。

たとえば、実際の営業活動の中では、展示会などで関心を示した企業の

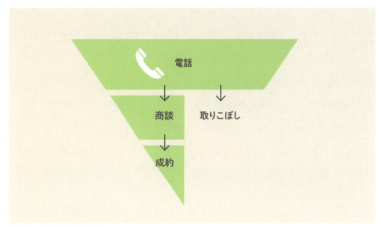

図2-8：電話から成約までのフロー

担当者と名刺交換をします（リードジェネレーション）。

後日、その見込み客に一度連絡をします。その時に、感触が良ければ、商談をして成約をめざしますが、感触が良くなければ、その企業に対して、連絡をするのをやめることがあります。

その後さらに連絡をするかどうかは、会社によって営業担当者の感覚次第という場合も少なくありません。すると、その後、営業担当者から見込み客へ連絡をしなくなりますから、見込み客リストが死蔵していきます。

ただし、見込み客側も、連絡をうけたタイミングでは、会社の状況で購入には至らなかったけれども、その後、もう一度検討するなど、購入へ向けての意欲が出てくる時があります。もしこのタイミングで営業をかけられれば成約するのですが、そんな相手先の状況を営業担当者は知るはずがありません。そこで、成約しないままとなります。

このようなことは、日常的に発生しています。

つまり、見込み客の育成（リードナーチャリング）が仕組み化できていないことが問題でした。

もしも、見込み客の購入意欲が高くなったタイミングが営業担当者側でわかれば、成約率はぐっと上がります。

見込み客のタイミングを、MAでつかめます。結論からいうと、MAは、大企業でも中小企業でも、BtoBでもBtoCでも、それぞれに応じて導入ができて、成果を上げやすいマーケティング支援ツールです。

より具体的な話を、次の項で見ていきましょう。

032

■ 顧客視点からのMA

ビジネスマンのAさんは、仕事でセミナーに参加します。月に1回か2回は、さまざまなビジネスセミナーに出席して、最新の知識を仕入れます。年間にすると10回から20回といったところです。すると、1年も前に出席したセミナーの内容は、よほど印象深いものでない限り、ほとんど忘れていてもおかしくありません。もちろんセミナーを主催している会社やサービスのことも忘れてしまいます。

このようなことはよく起こり得ることです。

セミナーを主催した会社によっては、セミナー開催後数日もすると、定期的にメールを配信するようにしている企業もあります。こうすることで、過去にセミナーへ参加したビジネスマンAさんにときどきリマインドして、企業やサービスのことを深く知ってもらえます。

ある時、Aさんの会社でマーケティングオートメーションの導入を検討することになりました。そこで、Aさんは前に出た数々のセミナーの中から、何社かのマーケティングオートメーションのセミナーのことを思い出します。そこで、メールが来ていたことを思い出して、メールを検索します。すると、数社の会社が結果に出てきました。

そこで、メールを開いて、あるMA会社のWebサイトにアクセスします。そして、事例のページや、導入方法のページ、問い合わせのページを見ていきます。

ただ、問い合わせをするかどうか逡巡して、ほかのMAの会社の情報も調べてからにしようかなと思った時でした。

電話が鳴りました。取ると、そのMA会社の担当者からでした。

まさに、自分が調べていたそのタイミングの時だったので驚きを隠せずに、「今、ちょうど調べていたんですよ」と話しました。

これはどういうことでしょうか?

MAの最大のポイントは、これまで、営業担当者が1件1件テレアポして、商談へのステップの機会をうかがっていたところを、自動化したことです。

たとえば、MAはホームページとの連携ができます。

メールを見込み客へ送ります。メールが開かれたかどうかがカウントできます。そのメールに、ホームページへのURLが表示されています。そのURLをクリックすると、誰がホームページへ訪問したかがわかるようになっています。メールを開いてWebサイトへ訪れたということは、見込み度が高いということです。

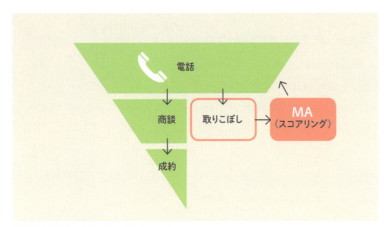

図2-9：MAによるリードナーチャリング

さらに、これら1つ1つの行動に、スコアをつけられます。1回Webサイトへ訪れてくれたらポイント10、特定のページを開いてくれたらポイント10というようにです。そして、ポイントがいくつを超えると、見込み度が高いと表示できます。

すると、今度は、どの見込み客にテレアポをするかと決める際に、点数の高い見込み客から先に連絡するという優先順位をつけることができます。これがリアルタイムでわかります。MAの会社にとっては（もちろんMAツールを導入しているので）、ビジネスマンAさんが今、Webサイトを見てくれているとか、さらにはどのページを見てくれているかといった情報が点数化されてわかるので、顧客ニーズの把握ができるのです。

このようにして点数が高い見込み客は、成約率が高いため、効率を上げることが可能になります。副次的な効果として、営業担当者は、断られる率が下がりますので、マインドも前向きになり、社内も活気づいてきます。

∎ ∎ ∎

MAは通常、導入にコストがかかります。年間数百万円から1,000万円以上することも多いです。すると、大企業では予算をつけて導入できるものの、中小企業ではなかなか導入ができない場合もあります。
そんな時に、無料から使えるツールがあります。
これにより、中小企業でもMA導入に対するハードルが低くなってきました。

たとえばMauticというMAツールは無料から導入できます。

まとめ

この講義ではテクノロジーによる自動化について見てきました。デジタルマーケティングの目的は、顧客満足度をあげた上で、売れる仕組みを構築し、コストを下げることです。
この点で、人が関わる時間が減ることで人件費を抑えることができ、自動化され、効率化して、コスト削減につながります。

考えてみよう

1 衣料品を扱う店舗で、セルフレジを導入すると、導入しない場合とくらべてコストメリットがどれほどあるか考えてみましょう。

試算例：セルフレジに切り替えた場合でも、レジ部門を完全に無人にはできませんが、5台のセルフレジに1人程度の店員がついていればよいので、人件費は1/5にできます。

解答例　試算すると、通常のレジでは、1人時給1,500円×1日10時間の営業=1.5万円×5人=7.5万円のところ、セルフレジでは1人なので1.5万円となります。 RFIDのタグの費用が1個10円とします。1時間に100着売れるとします。 1日10時間の営業で1,000着の製品が売れるとすると、1万円。 セルフレジの人件費と合わせて2.5万円。	ここではセルフレジ自体の機器代は、ほかのレジでも機器代がかかるため計算に算入しませんが、RFIDタグの費用をいれても、従来のレジよりも有利です。 人が対応するレジに慣れた消費者がいることや、万引きしやすさの問題も残るため、一気呵成にはセルフ型へ進まないものの、労働力不足で、働く人の採用が簡単ではないですので、セルフレジは徐々に浸透していくことが見込まれます。

ちょっと深堀り

今回出てきたRFIDのセルフレジ、使ったことあります。GUの銀座店に行った時に、店員さんが並んでいるレジがなくて、どうしたのかなと思ったら、セルフレジでした。

ほう、それでどんなレジだった？

バーコード型のセルフレジではなく、コインロッカーのようなボックスに商品をすべて入れて、自分でレジを操作していくと、1点1点商品をセンサーにかざすこと無く一度に商品点数と合計額が計算されて簡単でした。

はじめて使うにあたって問題はなかった？

セルフレジはたしか5,6台くらいあったのですが、そこに店員さんが1人ついていて、利用方法を教えてくれたので特に問題なく扱えました。
それから、今回は、Amazon Dashボタンも気になりました。

ものを買うのにパソコンもスマホもいらない。専用のボタンを押すだけというのが画期的なボタンだね。

先生は、持ってるんですか？

職業柄、新しいものはすぐに試してみたくなるからね。日本でサービスが始まると同時に注文したよ。Amazon Dashボタンは、スマートフォンから簡単に設定できる。あとは1度押すだけで注文が完了するというのは本当に素晴らしい。Amazonのオンラインで1クリックで購入できる体験が、そのままリアルの世界に出てきた製品だね。

ダッシュというくらいだからやっぱり早く到着するんですか？

> 通常のプライム会員の注文と同様に速く到着するよ。ただ、確実に使用する消耗品なら、Amazon Dashボタンもよいけれど、定期購入サービスと組み合わせるとさらに便利だね。

> どういうことですか？

> たとえば、水を買うなら、毎回Amazon Dashボタンで買うのではなく、一定量を定期購入サービスにする。すると、ボタンすら押さずに、決まった量を毎月運んでくれるからAmazon Dashよりも楽だよね。そのうえで、足りない分をAmazon Dashボタンにすれば、完璧。Amazon Dashには、さまざまなボタンがあるけれど、どんなボタンがあったら、使ってみたい？

> 講義ででてきた洗剤や水のボタンも悪くないのですが、大学の講義の「出席」ボタンがあったら嬉しいのですが（笑）

> 家で「出席」ボタンを押すと、大学の講義が出席扱いになるという都合の良いことを考えてるようだね。

> それはさすがに無理ですよね？

> MOOCSとか、Courseraとか、edXという大学レベルの教育が家に居ながらにしてオンラインでほぼ無料で受けられる時代だからね。大学自体が今のように大人数の講義室で一斉に講義を行う形式をいつまで続けるかどうかは誰にもわからないよ。教育のオンライン化はこの10年、20年で劇的に進んでいくかもしれないね。そうなったら、そもそも大学に来るのはゼミとかアクティブラーニングなどリアルに他の学生と会った方が良い場合だけで、あとは家で出席ボタンを押して学習するのは当たり前になるかもね。

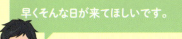

> 早くそんな日が来てほしいです。

復習クイズ

1 最寄品、買回品、専門品それぞれについて、具体例を挙げて説明してください。

2 フィンテック（Fintech）とは何ですか?

3 マーケティングオートメーション（MA）とは何ですか?

4 リードジェネレーション、リードナーチャリングとは何ですか?

答え

1. 最寄品とは、近場のスーパーマーケットやコンビニで買うような日々生活する上で使用する日用品や食品のことです。たとえば、ペットボトルのドリンク、パスタ、アイスクリームといったものです。買回品とは、パソコンやスマートフォンなどを買い換える時に、比較検討して買うような商品のことです。スペックを比較してパソコンを購入するような場合です。専門品とは、ブランドものの服やバッグ、シューズなどの指名買いが発生するような商品のことです。たとえばバッグは、特定のブランドのものを多数所持して愛用している人がいます。このような嗜好性の高い商品が専門品です。

2. フィンテック（Fintech）とはfinancial technologyの略で、テクノロジーを活用して金融サービスを進展させることです。日本でも会計サービスのfreee、家計簿サービスのMoney Forward、請求書作成のMisocaなど、さまざまなサービスがあります。

3. マーケティングオートメーション（MA）とは、メールやWebサイトといったツールを活用して見込み客の育成を自動化する仕組のことです。

4. リードジェネレーションとは、見込み客獲得のことです。たとえば、BtoBの企業であれば、展示会での名刺交換や、Web検索からのセミナー参加といった活動から見込み客を獲得していきます。そしてリードナーチャリングとは見込み客育成のことです。

The ultimate goal of Marketing 4.0 is to drive customers from awareness to advocacy.

「マーケティング4.0の目的は、顧客をブランド認知の段階から、ブランドの熱心な支援者・唱導者にすることだ」

出典：『Marketing4.0』コトラー（p.66）

第3講

顧客心理モデルとデジタルマーケティング

マーケティング4.0、4つの根本的欲求モデル、AISAREを通して顧客心理を理解しましょう

> **はじめに**
>
> 第1講と第2講で、デジタルテクノロジーで売れる仕組みを作ることについて学んできました。IoTやFintechといったテクノロジーだけでも相当なインパクトがあることは見てきたとおりです。
> ただ、人がモノやサービスの購入を決める時に、人の心を動かすものは、テクノロジーだけではなく、心理的なニーズが作用します。さらに一度商品やサービスを利用してから何度も使い続けるには、さらなるハードルがあります。
> 本講では、人が愛着をもってサービスを使い続ける事象について、心理的ニーズに焦点を当てて紹介していきます。
> 特に「マーケティング4.0」、「人間の4つの根本的欲求モデル」、「AISARE」という3つのフレームワークを用いながら、事例としてGoogleローカルガイドやトリップアドバイザーとともに紹介します。

3・1　マーケティング4.0とは何か？

この講義の冒頭の言葉でも紹介したように『MARKETING 4.0』（フィリップ・コトラーなど著　WILEY 2016年）では、マーケティング4.0の目的について次のように書いています。

> The ultimate goal of Marketing 4.0 is to drive customers from awareness to advocacy.
> 「マーケティング4.0の目的は、顧客をブランド認知の段階から、ブランドの熱心な支援者・唱導者にすることだ」『Marketing4.0』（p66）

advocacyは、支持、支援、唱導という意味です。

マーケティング4.0によって、顧客の自己実現欲求に訴えかけることの重要性を説いています。
マーケティング4.0を理解するにあたり、その前提となる1.0から3.0について簡単におさえておきましょう。

■ **マーケティング1.0：製品中心のマーケティング**

1950年代のアメリカで生まれたマーケティング手法で、いかに良い製品を作りアピールするかが重要でした。モノが十分でなかった時代から良質なモノやサービスを作ることを競争した時代でした。目的は製品を販売することです。

■ **マーケティング2.0：消費者志向のマーケティング**

1970年代以降の顧客満足に焦点をあてたマーケティング手法です。時代背景として、すでに、ある程度の品質のモノやサービス自体はあります。同じような製品を作る他社との競合関係も強くなってきています。そこで、商品のポジショニングや差別化をおこない、消費者のニーズにフォーカスするようになりました。目的は消費者を満足させてつなぎとめることです。

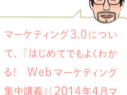

マーケティング3.0について、『はじめてでもよくわかる！ Webマーケティング集中講義』（2014年4月マイナビ出版刊）で詳細に扱いました。この本の第11講もあわせて確認ください。

■ **マーケティング3.0：価値主導のマーケティング**

価値主導のマーケティングとは、企業のミッション、ビジョンといった存在価値に焦点を当てたマーケティングのことです。たとえば、フェアトレードの商品を購入することで社会貢献ができるとか、その企業がどのようなビジョンで活動をしているのかといったことが求められるマーケティング手法です。目的は世界をよりよい場所にすることです。

■ **マーケティング4.0：自己実現のマーケティング**

マーケティング4.0の目的は、顧客の自己実現を商品やサービスを通じて助けることです。
顧客の自己実現欲求に訴えかけていきます。そのため、顧客はブランドのことが好きになって唱導するようになることも多くなります。伝統的なマーケティングとデジタルを活用したマーケティングの融合となります。

・・・

自己実現という言葉を聞いてピンときた人もいると思います。マズローの5段階欲求説です。この最上位に自己実現の欲求があります（図3-1）。
フィリップ・コトラーによれば、マーケティング4.0はマズローの5段階欲求説の最上位の欲求に訴えかけて満たすことです。

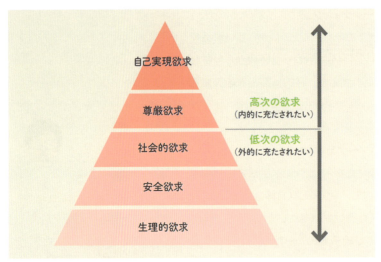

図3-1：マズローの5段階欲求説

■ 事例：マーケティング1.0から4.0までを「デジタルマーケティングを学ぶこと」に当てはめて考えてみましょう。

マーケティング1.0	マーケティング1.0は製品が中心です。デジタルマーケティングを学ぶことで、売れる仕組みを構築するという、学ぶ対象にフォーカスします。
マーケティング2.0	マーケティング2.0は、消費者志向で、消費者を満足させることです。この段階になると、競合関係も激しくなってきます。そこで、ポジショニング・差別化をして、絞り込まれた層を対象にします。その上で、デジタルマーケティングを学ぶことで、学んだ人を満足させるようにします。
マーケティング3.0	マーケティング3.0は、価値主導で「世界をより良くすること」が目的のため、たとえば、デジタルマーケティングによって、世界的な課題を解決できるという価値観にフォーカスします。
マーケティング4.0	マーケティング4.0は自己実現の欲求を満たすものです。デジタルマーケティングを学ぶことで、学ぶ人の夢や目標を達成できるという点に焦点をあてます。その結果として、顧客がデジタルマーケティングの唱導者となります。

3·2 「人間の4つの根本的欲求モデル」とは？

デジタルマーケティングとは、デジタルで売れる仕組みを作ることと定義しました。
売れる時に必要なことは、テクノロジーによる速さとか効率といった利便性だけではありません。
人の心理的ニーズが大きく影響します。心理的ニーズとは、何でしょうか？

ニーズを考える時に、次に紹介する『デジタル・ディスラプション』（ジェイムズ・マキヴェイ著、プレシ南日子訳　実業之日本社）で紹介されている「人間の4つの根本的欲求モデル」の考え方が役に立ちます（図3-2）。

図3-2：「人間の4つの根本的欲求モデル」
出典『デジタルディスラプション』p118より

「人間の4つの根本的欲求モデル」は、潜在意識的（短期的動機を提供する）、意識的（長期的動機を提供する）、脅威、機会で分けられた4つの象限で表現されています。
「脅威」と「機会」という言葉を聞いてSWOT分析で聞いたことがあるとピンときた人もいるでしょう。SWOT分析の脅威と機会と同様に、「脅威」とは、外部環境のマイナス面で、「機会」とは、外部環境のプラス面のことです。

■ 潜在意識的 × 脅威：「快適さ」

「快適さ」は、最も基本的な欲求で、ストレスを無くし、安心安全を欲することです。快適さは、幸福感や安心感をもたらすオキシトシンやセロトニンなどの神経伝達物質によって生じます。その上で、コカコーラやキャンベルスープが快適さを広告のキャッチコピーで訴えてうまく機能したことを紹介しています。

■ 意識的 × 脅威：「つながり」

「つながり」の欲求とは、「相互に安全をもたらす、ほかの人々とのつながりを求める意識的欲求だ。つながりは複数レベルで、接触、会話、経験の共有など、人と人との間のさまざまな作用を通して達成される」（同著p120）、そのうえで、「つながりの欲求は死の必然性の認識と同じくらい、生まれつき備わっているものである。」といいます。
FacebookやTwitter、InstagramといったSNSが興隆をきわめているのも、人のつながりの欲求があるからです。

これについては、後の第8講でも詳しく事例を見ていきます。

■ 潜在意識的 × 機会：「多様性」

多様性とは、「わくわく感や可能性を追い求めたり、新規性や娯楽性に富んだものを望んだり、いい意味での不確実性を欲するといった感覚である」（同著p122）。
同じことの繰り返しにマンネリを感じるのも、海外旅行をしたいといった感情がわき起こるのも多様性という刺激を必要としているからです。
また、同じブランドの商品でも「改良新発売」とTVCMなどでうたい、パッケージにも大きく載せるのは、新規性という刺激で消費者の欲求を満たすための工夫です。

■ 意識的 × 機会：「独自性」

「独自性」とは、アイデンティティを認識するためのニーズです。人は他人とつながりたいと思っている一方で、自分は世界に1人しかいない特別な存在だと実感したいとも思っています。なぜ移動の手段として、軽自動車ではなくて、ベンツやフェラーリに乗りたいと思う人がいるのでしょうか。また、なぜ数千円のデジタルウォッチではなくて、高級腕時計をする人がいるのでしょうか。それは、「独自性」の欲求のあらわれです。この欲求を満たすためなら消費者は余分な費用を払います。

消費者はこの4つの欲求を求めているため、商品やサービスを提供する時には、これら4つの欲求を満たすことが重要です。

たとえば、「つながり」に対するニーズは、なぜソーシャルメディアが活発に活用されているのかを考える時の視座を与えてくれます。

また、「独自性」に対するニーズは、自分は唯一の存在であるということですので、自己実現の欲求とも重なってきます。

それでは次の節で、Googleローカルガイドの事例を交えながら、4つのニーズの理解を深めていきましょう。

5段階欲求説のように、上へ上へと上がっていくのではなくて、人間の脳は4つのニーズの中を行き来しているという考え方は実際の場面に即しているといえます。

3・3　Googleローカルガイドと4つのニーズ

図3-3：GoogleローカルガイドのWebサイト（https://www.google.com/intl/ja/local/guides/）

ローカルガイドは、地域で見つけた情報をGoogleマップでシェアしているユーザーの世界的なコミュニティです（図3-3）。地域のお店を紹介したり、新しい友人を作ったり、ローカルガイド限定特典を利用できます。

図3-4：Googleローカルガイドのクチコミ例

Googleで地元のレストランや書店といったローカル情報を検索すると、検索結果にクチコミ情報や写真情報が表示されます（図3-4）。このクチコミは、一般のユーザーが書き込んだものです。書き込みをしてローカルガイドとして登録することもできます。

クチコミ情報は、星印で表される5段階評価と、文章による評価があります。さらに、写真を掲載できます。

ローカルガイドは、貢献度に応じてレベルが上がっていきます。はじめは、簡単にレベルが上がりますが、レベルが4になると、次の最上級のレベル5に達するためにはより多くのクチコミ情報や写真をアップロードする必要があります。

写真を掲載すると、後日、Googleからあなたの写真がどれだけ見られましたというフィードバックがメールで届きます（図3-5）。

このようにして、投稿者の投稿意欲を刺激します。

■　■　■

Googleローカルガイドは、金銭的な報酬を用意していません。露骨な金銭のインセンティブがあったら、それを目的に、質の低いレビューが増える危険性があります。Googleローカルガイドは特にインセンティブはないけれども、ここまで見てきたように、レベルの設定や、適切なフィードバックをユーザーに行うことで、クチコミを増やしていっています。

図3-5：Google ローカルガイドのフィードバック

最高レベルの5になると、Google社員と同じように新サービスを一般リリース前に試用できたり、ローカルガイドサミットに参加申込みができるといったことが、自尊心や、つながり、独自性に訴えかけていて、金銭ではない報酬になっているといえます。

・・・

ローカルガイドは、先ほど説明した4つのニーズの全てを満たしているといえます。

1.「つながり」の欲求：ローカルガイドで、人に役立つことを投稿することで「つながり」の欲求は満たされます。

2.「独自性」の欲求：「独自性」の欲求も満たしています。あまり知られていない、レビュアー独自の観点でコメントをいれるということです。

3.「多様性」の欲求：始める時には「多様性」を求めてレビューを書き出したかも知れません。

逆にいえば、1ヶ月ほど集中してローカルガイドに熱中して、その後、その熱が冷めて、いつの間にか休眠状態になってしまうこともあります。それは、多様性の欲求がもう満たされなくなったということです。

4.「快適さ」の欲求：その後、何回見られたという情報がGoogleローカルガイドからメールで届きます。思いがけず、自分がアップロードした写真

> Googleローカルガイドでは、レベルが上がると、無償でクラウドの容量を1TBまで授与されることがあります。しかしそれは2年間の期限付きです。それ以降は有料になりますので、それを目的にローカルガイドになるという動機は、多くの人にとって強くはないと考えられます。

が合計で100万回も見られていることが書かれていて、「快適さ」の欲求が満たされます。

3・4　「AISARE」とエヴァンジェリストの創造

人には誰でもある特定の商品やサービス、またはブランドで心惹かれるものが1つや2つはあるものです。「人間の4つの根本的欲求モデル」が消費者の欲求を分類するものであるなら、AISAREという消費者の行動心理モデルは、消費者がはじめてブランドに接するところから、そのブランドの熱心な伝道者に至る道筋を分類したフレームワークです。

うまくいっているビジネスには、確実にエヴァンジェリストがいます。エヴァンジェリストは単なるファンではありません。エヴァンジェリストとは、あたかも自分のブランドのように、企業の商品やサービスを一緒に盛り上げていく人たちです。

■ AISAREとは

AISAREとは、消費者の行動心理モデルです。はじめの接点から購入してリピートしエヴァンジェリストに至るまでをあらわしています。

MacBook Proを例にしてみましょう。

A	Attention（注目）	最近カフェでWindowsではなくてMacを開いている人が多いな
I	Interest（興味・関心）	Macは使いやすいのかな？
S	Search（検索）	Macの使い勝手についてWebで調べてみよう、使いやすそうだ
A	Action（行動・購入）	買ってみた、これは使いやすい！
R	Repeat（リピート）	（3年後）次もMacにしよう
E	Evangelist（エヴァンジェリスト）	Macが大好きだ、他の人へもその良さを伝えずにはいられない

どんなビジネスでもエヴァンジェリストの多いサービスは成功します。エヴァンジェリストは、メリットだけを宣伝する人ではありません。単純に良いことだけでなく、マイナス面も含めて語ります。どんな良いサービスでも良いことだけで埋め尽くされているわけではないからです。デメリットも含めて正直に語られて、全体的には肯定的なクチコミをしている状態になります。

■【参考】AISAREが生まれた背景

AIDMAや、AISASというモデルがありますが、消費者の心理をたどっていくと、その先があることがわかりました。商品やサービスを購入したり、シェアして終わりではないということです。

AISAREのフレームワークは、2008年に筆者が『グーグル・マーケティング』(技術評論社)にて紹介したのがきっかけです。それからコンサルティングの現場で、AISARE理論を、さまざまな企業向けに提供しており、効果を実感しています。

■ 成功するブランドでは、エヴァンジェリストが多い

エヴァンジェリストの施策について、4つのニーズを満たすものにフォーカスするとうまくいきます。たとえば、Amazonのレビューや、Googleローカルガイド、さらにこの後に紹介するトリップアドバイザーには、多くのクチコミ情報が投稿されています。

> AIDMA:1920年代にアメリカのサミュエルローランドホールが提唱したフレームワーク
> A: Attention(注目):なんだろう?
> I: Interest(興味・関心):面白そうだな
> D: Desire(欲求):欲しくなってきた
> M: Memory(記憶):買おうかどうか
> A: Action(行動・購入)よし買おう!

> AISAS:2004年に電通が提唱したフレームワーク
> A: Attention(注目):なんだろう?
> I: Interest(興味・関心):面白そうだな
> S: Search(検索):調べてみよう
> A: Action(行動・購入):よし買おう!
> S: Share(共有):クチコミを書いておこう

3·5 Webサービスを「AISARE」で読み解く

海外旅行に行くと決めて、どのホテルに泊まろうかと検索する時に、いつの間にかよく使っているWebサイトやアプリはありますか?

人によって利用しているサービスはさまざまだと思いますが、トリップアドバイザーも人気のサービスの1つです(図3-6)。日本国内だけでなく、グローバルに利用されていて、クチコミ情報が多いというのも理由の1つです。

さらに、トリップアドバイザーのWebサイトやアプリを見たことがある人であればトリップアドバイザーに載っている情報が信頼に足るものだということを実感している人も少なくないはずです。

トリップアドバイザーに優良な情報が集まっている理由は何でしょうか。

図3-6：トリップアドバイザー（https://www.tripadvisor.jp/）

■ **トリップアドバイザーの利便性の特徴**

トリップアドバイザーにはユーザーが貢献したくなる仕組みがあります。

はじめは、自分が今度泊まるホテルや観光スポット情報の参考にすることから利用しだすことが多いでしょう。実際に参考にしたホテルに泊まってみると、クチコミ情報がおおむね正確ということを身をもって体験できます。

図3-7：トリップアドバイザー：ランキング形式を条件に応じてソートできる

ホテルは、都市ごとにランキング表示できます。また、5つ星、4つ星といったランクで絞り込みができたり、人気順に並べ替えたり、価格順に並べ替えたりできます（図3-7）。

トリップアドバイザーは、Agoda.comや、Expediaや、Booking.comといったホテル予約サイトと連携しており、それぞれのサイトの価格も同時に表示してくれます。顧客は、最安値のWebサイトから予約すればよいのです。星の数によるレーティング情報だけでなく、具体的な文章が多いのも特徴です。ホテルやレストラン、観光地の情報が豊富です。ホテル側が書いたものではなく、実際に泊まった人からのクチコミ情報なので、信用できます。

■ トリップアドバイザーをAISAREで読み解く

トリップアドバイザーは、クチコミ情報を閲覧して参考にするだけでなく、自分が泊まったホテルのクチコミ情報を記載することもできます。

A	トリップアドバイザーというサイトを知る
I	サービス内容を読んで、興味を持つ
S	自分が渡航する都市のホテルやレストラン情報を検索する
A	予約をする、実際に泊まる、実際にレストランへ行く
R	何度も利用する
E	トリップアドバイザーが良いことを他の人に広める、自分でもクチコミ情報を投稿する

なぜ、ユーザーはトリップアドバイザーにクチコミ情報を書くのでしょうか？
4つのニーズでいう、つながりの欲求です。つながりの欲求は、自分が書いたことが誰かの役に立つということです。

返報性の法則ともいえます。トリップアドバイザーのクチコミは役に立つため、今度は自分が書くことで、他の人へ恩返しをするという動機です。

さらに、独自性の欲求も満たされます。

たとえばすでに多くのクチコミがあるホテルのレビューを書くとしても、評価は星1から星5までつけられます。そして、書く内容はさらに変化に富んだものになります。オリジナルのレビュー内容を投稿することで独自性のニーズを満たすものとなります。

■ ゲーミフィケーションとしての仕組み

トリップアドバイザーでクチコミ情報を記入すると、ポイントが貯まります。しかし、そのポイントを何かに交換できたりはしません。単なる勲章のようなものです。また、Googleローカルガイドと同様にレベルがあります。はじめはレベル1から始まり、2、3、4と上がっていき6まであります。

トリップアドバイザーが金銭的なメリットをユーザーに与えていない理由は何でしょうか。これは、Googleローカルガイドでみてきたことと同様です。もしトリップアドバイザーがユーザーに金銭的な見返りを提供していたら、小金を稼ぎたいユーザーのレビューが多くなりクオリティが担保できなくなるでしょう。

ステルスマーケティングという言葉がありますが、もしトリップアドバイザーが金銭をユーザーに渡したら自らステルスマーケティングを奨励するようなものです。

> ステルスマーケティングとは、金銭の授受のある宣伝なのに、消費者に広告ではないように偽装する手法。

ユーザーにレビューを書いてもらうのは簡単なことではありません。トリップアドバイザーのレビューを書くと航空会社のマイルが貯まる仕組みがあります。しかし一件書いても5マイルとか20マイル程度ですのでそれをモチベーションに書くという人はあまり多くないと考えられます。

> たとえば、ANAで羽田から札幌の往復航空券をマイルのポイントだけで取得しようとすれば、1万マイル以上が必要です。

そのため、トリップアドバイザーは、ユーザーに情報を登録してもらうのを促すための、さまざまな施策を用意しています。

たとえば、フィードバックのメールが届きます。何名に読まれたかということが掲載されています。これによりユーザーの意欲を向上させます。

図3-8：トリップアドバイザーからのフィードバック01

図3-9：トリップアドバイザーからのフィードバック02

また、世界中のどの地域から読まれているかといったこともフィードバックしてきます。書き込みに応じて合計ポイントが加算されていきますが、金銭と交換できるポイントではなく、レベルアップのための目安となる数字です。このようにして、つながりや独自性のニーズを満たしながら、トリップアドバイザーのエヴァンジェリストがクチコミ情報を書き込んでいきます。

> **まとめ**
>
> マーケティング4.0、4つのニーズ、AISARE理論と、トリップアドバイザー、Googleローカルガイドの事例で見てきました。支持されるWebサービスは、いかにして人のニーズにフィットするか、エヴァンジェリストを育成するかといったことに注力していることがわかります。

考えてみよう

1 あなたが好きなブランドや音楽について、どのような経緯でエヴァンジェリストに至ったかを、AISAREのフレームワークを活用して書いてください。

この講義では、購入や愛着に至る人の行動心理モデルについて紹介しました。
多くの人にとって、お気に入りのブランドがあるものです。

解答例　テーマ：海外ミュージシャンA	
A:YouTubeを見ていて「関連動画」でたまたま海外ミュージシャンAを見た	A:ファンクラブに入り、ライブに行った
	R:何度もライブに行った
I:その楽曲が心に響いたので、他の楽曲の動画も見て聞いた	E:ファン同士のつながりだけでなく、友人へ良さを伝え、ブログやSNSでも情報を発信している
S:ミュージシャンAについて、デビュー年からディスコグラフィに至るまでをWebで調べた	

ちょっと深堀り

今回の講義で、「人間の4つの根本的欲求モデル」が印象に残りました。

これまでの消費行動で、自分で何か思い当たることでもある?

先日、無印良品のお店へ、メモ帳を買いに行ったところ、パスポート型のメモ帳を発見しました。

図3-10：
無印良品パスポートメモ

ほう、それで?

海外へは中学生の時に家族旅行でハワイへ1回だけしか行ったことがないのですが、パスポートを取得したときのことを思い出しました。

どんな思い出なのかな?

子供の頃からテレビでしか見たことのなかったハワイに行けるということになって、はじめてパスポートを取りに行きました。これを持っていれば、海外に行けると思うとワクワクしました。
それで、ハワイへの到着時に入国審査でスタンプを押してもらいました。それがなんだか嬉しくて、スタンプの日付を見れば渡航履歴がわかり、それが積み重なって、自分独自のパスポートになっていくと思いました。
実際には、海外に行ったのはその1回だけなのですが、そのパスポートを今も大事に持っていて、パスポートを見ると、海外へ行くときのワクワク感を思い出します。

> それで、無印良品でパスポート型のメモ帳を発見して、ワクワク感を思い出して、すぐに購入したと？

そうです。大きさも、色も、質感も本当にパスポートに似ていて、持っているだけで、何を書こうかとワクワクします。
ただ、パスポート同様に薄いので、メモ帳としての実用性はなんとも言えませんが。
それを逆手にとって、大事なことだけ書くようにしようと思いました。

> それは良かったね。そのワクワク感は、4つのニーズでいうと何になる？

「多様性」ですね！

> その通り！ 良い商品をみつけたね。
> 普通のメモ帳と、パスポート型のメモ帳、どちらを選ぶかといった時に、消費者は、単に機能性だけで商品を選んでいるのではないということだね。

こうして今、先生にパスポート型のメモ帳のことを話していますし、友人には一通り話しました。

> AISAREのフレームワークでいうと、エヴァンジェリストだね。

はい！ 見ているだけでワクワクが感じられるメモ帳のエヴァンジェリストになっていますね。AISAREのフレームワークは、何もオンラインビジネスだけに限ったことではないのですね。
このパスポート型のメモ帳に何を書こうか、今から楽しみです。

復習クイズ ?

1 マーケティング 1.0 の目的とは何ですか?

2 マーケティング 2.0 の目的とは何ですか?

3 マーケティング 3.0 の目的とは何ですか?

4 マーケティング 4.0 の目的とは何ですか?

5 「人間の 4 つの根本的欲求モデル」とはどんな欲求か 4 つあげなさい

6 AISARE の E とは何ですか?

答え

1. マーケティング 1.0 の目的とは、製品を販売することです。

2. マーケティング 2.0 の目的とは、消費者を満足させてつなぎとめることです。

3. マーケティング 3.0 の目的とは、世界をより良くすることです。

4. マーケティング 4.0 の目的とは、顧客の自己実現を商品やサービスを通じて助けることです。

5. 「快適さ」「つながり」「多様性」「独自性」の欲求

6. エヴァンジェリスト（ブランドの伝道者）

「あらゆる人とモノを結びつけるグローバルなネットワークが形成され、生産性が極限まで高まれば、私たちは財とサービスがほぼ無料になる時代に向かってしだいに加速しながら突き進むことになる。」

出典：『限界費用ゼロ社会』ジェレミー・リフキン著　柴田裕之訳
NHK出版

第4講

限界費用ゼロの
デジタルマーケティングとUI・UX

限界費用ゼロと
ユーザー体験（UX）、
ユーザー・インターフェイス
（UI）について理解しましょう

はじめに

ここまでIoTと第4次産業革命、さらに人の心理モデルについて学んできました。人がリピートしてサービスを利用したり、エヴァンジェリストとしてそのサービスのことを自分のブランドだと捉えるようになるには、サービス全体のユーザー体験が重要です。この講では、限界費用ゼロのデジタルマーケティングと、人々が利用し続けるかどうかの違いを生むユーザー体験（UX）と、スマートフォンのユーザーインターフェイス（UI）の3つについてフォーカスして紹介します。

4・1 限界費用とは

究極的には、デジタルマーケティングは、限界費用がゼロになるマーケティング手法です。Webを活用したり、IoTを活用していくと、限界費用がゼロに近づいていきます。それに対して、従来型のビジネスには、必ずと言ってよいほど、限界費用がつきまとってきました。まずは、限界費用とは何かというところから話を始めていきます。

限界費用とは、生産量を1増加させた時にかかる総費用の増加分のことです。たとえば、レストランで1食分の食事を提供することを考えてみましょう。レストランをオープンさせるのに物件保証料や内装工事で通常数千万円程度かかります。さらに1食分を調理するために食材の原価（たとえば1,000円）とシェフの人件費（たとえば1,000円）がかかります。すると、生産量を1増加させた時の限界費用は2,000円となります。そこに利益を載せてたとえば、7,000円で客に提供します。提供価格は開店費用の回収なども加味して決められますが、限界費用は、1食分を提供する原価のことです。リアルな世界では、限界費用は必ずかかります（図4-1）。

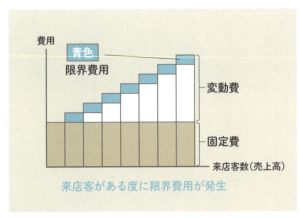

図4-1：限界費用

■ 限界費用ゼロとAirbnb

限界費用がほぼかからない「限界費用ゼロ」の状態は、デジタルサービスの場合に起こりえます。アプリやシステムを作るのに、レストランと同じように初期費用がたとえば数千万円程度の費用がかかるかもしれませんが、その上で売買が行われて、生産量が1増加しても（たとえば顧客に1つデジタルデータを提供したとしても）、限界費用はほぼかかりません。限界費用は、サーバ代など使用量に応じて増加する費用があるため、完全にはゼロではありませんが、仕入れ値のかかるビジネスモデルや、レストランといった人件費のかかる労働集約型のサービスに比べてみれば、ほぼゼロといえます（図4-2）。Airbnbを事例にして考えてみましょう（図4-3）。

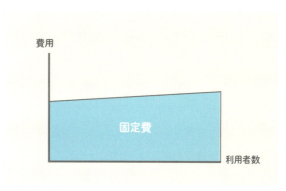

図4-2：限界費用ゼロ

図4-3：Airbnb（https://www.airbnb.jp/）

4・2　Airbnbの破壊的なビジネスモデル：限界費用ゼロ

Airbnb（エアビーアンドビー）は、世界中のユニークな宿泊施設をネットや携帯やタブレットで掲載・発見・予約できる信頼性の高いコミュニティー・マーケットプレイスです。

出典：https://www.Airbnb.jp/about/about-us

通常仕入れには必ずコストがあります。それを維持するための費用がかかります。ホテルの運営の場合はどうでしょうか。

ホテルもレストランの例と同じように、運営するには、物件を取得するか建物を借りて人件費をかけて経営します。宿泊者がいてもいなくても、必ず固定でかかる費用があります。また、宿泊者の利用に応じて電気代、水道料などの変動コストもかかります。さらに、宿泊客が1泊してチェックアウトした後には、客室の清掃やベッドメイキングといったリネンを替える費用がかかります。限界費用は毎回かかっていきます。

これに対して、Airbnbの場合には、物件を取得するか借りる費用も、物件を運営するための人件費も、電気代、水道料もかかりません。Webサービスを提供するにあたり、サーバ代などのIT関連費用はかかりますが、リアルにホテル物件を所有することやそこに従事する人を雇う費用はかかりません（図4-4）。

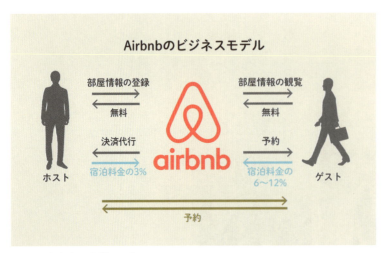

図4-4：Airbnbのビジネスモデル

このようにホテルとAirbnbのビジネスモデルは異なります。

Airbnbを通して家を旅行者に貸すホスト側は、Airbnbを通して1泊すれば、シーツの洗濯などにコストがかかるため、限界費用はかかります。ただし、AirbnbのようなWebサービスのおかげで、空いている部屋に宿泊客を泊めることなんて思いもよらなかったホストでも売上をあげられるチャンスができます。集客はAirbnbがおこないますので、ホスト側に集客のための費用はかかりません。

■ リオオリンピックを影で支えたAirbnb

2016年のリオデジャネイロオリンピック開催期間にAirbnbを利用してリオデジャネイロに宿泊したゲストの数は、8万5,000人以上でした。

ブラジルのホテル事情は、ほかの発展途上国と同様に十分ではありません。Airbnbがなければ、急激な観光需要を受け入れられなかった可能性すらありました。

出典：http://www.travelvision.jp/news/detail.php?id=74121

■ 数あるサービスの中でなぜAirbnbが急拡大したのか？

ここまでみてきたように、Webを介して行われるサービスの多くは、限界費用がゼロに近づきます。

ただ、ここで1つ疑問が生じます。限界費用ゼロのデジタルマーケティングのサービスであっても、成功するサービスとそうでないサービスがあることです。

事実、Airbnbの他にも、宿泊場所をマッチングする似たようなサービスがあります。ただし、現在、世界的に多くの人が利用するサービスに育っているのはAirbnbです。それでは、その違いは何でしょうか？

その大きな要素が、ユーザー体験（UX）とユーザーインターフェイス（UI）です。UXとUIが秀逸で、ユーザーに支持されるサービスは生き残ります。

それでは、ユーザーに支持されるUXとUIについて、Airbnbを事例にして踏み込んでみていきましょう。

> Webの体験やスマートフォンの使い勝手（UI）は、UXの中の1つの要素です。UIについては、この講義の後半で紹介します。

| 4.3 | ユーザー体験（UX）とは？ |

UXとはユーザー体験（ユーザーエクスペリエンス）のことです。Airbnbの
ユーザー体験とは、物件のホストとしてサービスを利用するユーザーと、宿
泊者としてサービスを受けるユーザー双方の一連の体験のことです。ユー
ザーが心地よさを強く感じればUXが高いといえます。

■ ユーザー体験（UX）の心地よさ

Airbnbのユーザー体験（UX）は、実際に宿泊した際の体験と、Webで
の物件選定から予約、その後の評価までの体験の両方を指します。
AirbnbのUXの心地よさを下記の点から解説します。

- ホストとゲストの評価方法：宿泊施設の評価システムが秀逸（双方が書
  かなければ評価が公開されない）
- 宿泊料のやり取りがホストとゲストで直接は発生しない
- Airbnbに掲載された宿泊施設であれば信頼できるという安心感
- 事前期待のマネジメント

■ 評価と評価方法

筆者もAirbnbを用いて宿泊したことが複数回ありますが、まったく知らない
場所に泊まるのは心理的なハードルがあります。このハードルを下げるため
の仕組みがAirbnbにはあります。実際に宿泊をした人が書き込めるクチコ
ミ情報です。これは宿泊後に、宿泊者が一方的に書くのではなく、宿泊施
設を持つホスト側も書き込みをします（図4-5）。
仕組みとして、どちらかが書き込みを行なった段階では、相手方にその書き
込み情報は知らされません。双方が書き込みを行った後ではじめてオープ
ンになります。
つまり、一方が悪く書いたからと言って、仕返しで悪く書くということはでき
ません。この仕組みは秀逸です。

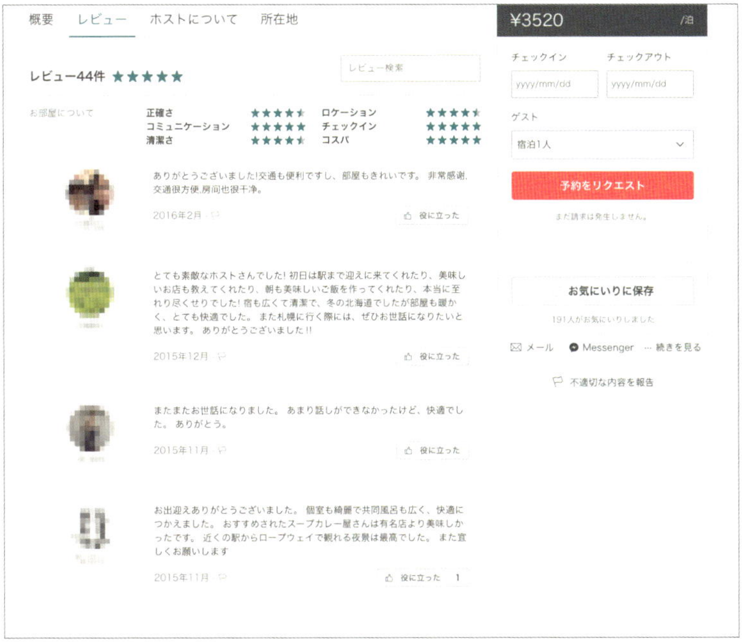

図4-5：評価クチコミの例

■ 宿泊料のやり取りがホストとゲストで直接は発生しないこと

宿泊料金はAirbnbが間に入ってクレジットカード決済します。そこで宿泊者と宿泊施設の間での直接のお金のやり取りが発生しません。

これも心地よさの1つです。その分、Airbnbは両方から手数料を取ります。ゲストとホストの間で宿泊料のやりとりが不要なことは、思った以上に快適です。一般的にトラブルの多くは、お金についてだと考えられるので、Airbnbは多くのトラブルを未然に防いでいるといえます。

■ Airbnbに掲載された宿泊施設であれば信頼できるという安心感

過去にはAirbnbで宿泊施設を利用したゲストがトラブルにあったり、逆にゲストが宿泊施設に対して故意に破壊行為をすることもありました。

そこで、Airbnb側がその対策に乗り出し、現在は、最大1億円の保障がかけられています。

また、そもそもAirbnbへゲストとして予約する時には、身分証明書や携帯電話番号などの個人情報をAirbnbへ登録する必要があります。ゲストにとっては、はじめの認証が少し煩わしく感じる場合もあるかもしれませんが、逆にいえば、最低限のルールの部分で敷居を上げることがAirbnbの安心感につながっています。

Airbnbの手数料は、1回の取引あたり宿泊者から6から12%、宿泊施設から3%程度です。

出典
「Airbnb: 日本の現状」（田邊泰之 Airbnb Japan 代表取締役）
http://www8.cao.go.jp/kisei-kaikaku/kaigi/meeting/2013/wg4/chiiki/151125/item2.pdf

Airbnbというプラットフォームは、宿泊施設を貸し出す側にも数々のメリットがあります。

まず、Webサイトを立ち上げて、家の空き部屋を貸し出すこと自体、気軽にできることではなく、ハードルが高いといえます。仮に空き部屋を貸すWebサイトを作ったとしても、検索した時に上位に表示されなければ、見込み客に知ってもらうこともできません。

宿泊施設を探す側も、特に海外旅行に行く場合は、Airbnbのような世界規模のプラットフォームでもなければ、そもそもそんな宿泊施設があるということすら思いもよらないでしょう。

さらに、もし仮に空き部屋を貸し出すWebサイトに訪れたとしても、本当にその宿泊施設が、セキュリティに問題ないのか、不安を払拭できるだけの信頼性があるのかは未知数です。

Airbnbに掲載された宿泊施設であれば信頼できるという安心感があります。

■ 事前期待のマネジメント

宿泊者のニーズはさまざまです。学生のバックパック旅行であれば、豪華なスイートルームではなくて、ドーミトリーの大部屋で良いから、さまざまな国から来た旅行者とコミュニケーションを取りたいというニーズがあるでしょう。そのような層にとっては、価格の安さが魅力と映るでしょう。

それに対して、ファミリーで、夫婦と2人の子供で泊まりたいという場合には、1軒家を貸し切りたいニーズもあるはずです。

ニーズはそれぞれですが、それらのニーズに応えられるだけの宿泊施設の厚みがあります。それらのニーズは、写真と、クチコミをみることでわかります。事前の期待とほぼ同等であれば、悪い評価にはなりづらくなります。

> Airbnbに掲載されている多くの写真はプロが撮ったもののため、写真は綺麗です。そのため事前の期待値は高くなります。ただ実際に宿泊施設に足を運んでみると、その期待感を下回ることもあります。過剰な期待は禁物です。

4・4　ユーザー体験（UX）を上げる重要な要素：自動化

ユーザー体験が秀逸な事例は、何も宿泊予約のプラットフォームだけではありません。ユーザー体験を上げるのは、自動化とユーザーインターフェイス（UI）という2つの点があります。自動化という観点から、withings（ウィズシングス）を事例にして紹介します。

■ **体重計×ネット×アプリで自動化**

ダイエットは、現代人の永遠のテーマともいえ、さまざまなダイエット方法が流布しています。どんなダイエットでも必要なのが体重計です。体重を日々計ることではじめて、どのくらい痩せたかがわかります。

体重管理をしている人は、毎日の体重を表にプロットして推移をみるのですが、従来は、手書きでノートにつけるとか、スマートフォンアプリで、自分で毎日の体重を入力しなければなりませんでした。

図4-6：ネットにつながる体重計：見た目は一般的な体重計と変わらない
（https://www.withings.com/jp/ja/products/body-cardio）

withings（ウィズシングス）ネットにつながった体重計は、データを取得し、自動で情報をまとめ、スマートフォンアプリでグラフ表示するため、ユーザー体験（UX）が高いといえます。

それが、ネットに繋がった体重計なら体重の計測から記録まで自動で行えます。体重計に乗るだけで、あとは、WiFiやBluetooth経由でスマートフォンのアプリに記録されます（図4-6、図4-7）。

これまで人がしていたことを、IoTにより、機械が自動で行ってくれるようになりました。

・・・

朝や夜など、定期的に体重計に乗っておけば、あとでスマートフォンを開いて専用のアプリを立ち上げた時に、自動的に体重をアプリに書き込んでくれます。さらに、体重だけでなく、体脂肪率と水分率、心拍数も同時に計測してくれて、自動的にアプリに保存してくれます。

1人だけでなくて、設定をすれば、最大8人まで自動で認識します。家族で使うこともできます。また、会社の有志で買って、会社で使っている人もいるほどです。みんなで情報をシェアしたら、ダイエットにも良い意味での競争心が湧いて愉しみながらダイエットができます。

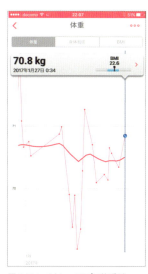

図4-7：withingsアプリ体重計

065

これまでネットにつながらなかったモノがネットにつながると、自動化され、今まで手間がかかったり、知りえなかったこともグラフィカルにわかるため、生活が快適になるのです。

4・5　スマートフォンのUI/UX

つづいて、スマートフォンのユーザーインターフェイス（UI）について見ていきます。

■ 全てはスマートフォンへ

時間を西暦2000年まで戻します。まだスマートフォンはなく、さまざまなモノをそれぞれ単体で持っていた時代です。フィルム型のカメラからデジタルカメラへの移行期で、コンパクトデジカメを持ち始める人が増えた時期です。また、スケジュール帳は紙の手帳、読書は紙の本でした。株取引では、パソコンを使ってインターネット取引を行う人が出てきた時期。日記は紙の日記帳に書いていました。ただし、3日坊主になる人も少なからずいました。現在では、これらは全て1台のスマートフォンに入ります。しかも、使いやすく設計されており、日々アップデートされています。
写真はデジカメからスマートフォンのカメラとなり、読書もKindleなどのアプリを活用して、株取引も、スマートフォンで手軽に行えます（図4-8）。

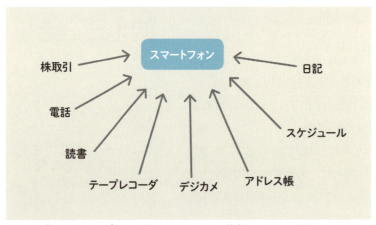

図4-8：デジカメも、テープレコーダも、スケジュールも、読書も、日記も、株取引も、スマートフォンへ統合

たとえば、スマートフォンにさまざまなモノが統合される前は、毎月行う「請求書作成」といった業務は、毎月紙の手帳に書き込んでいました。1月から12月まで該当日を手書きで書き込むのが常でした。それが、現在は、Googleカレンダーに連動したアプリを活用して、毎月20日に請求書を出力するよう1度だけ「繰り返し」設定すれば、その後、毎月20日に、その予定が出てくるようになります。それにしたがって、請求書を出力すれば良いので効率化されました。

スマートフォンは使いやすくユーザー体験がよいということなのですが、スマートフォンのユーザー体験の要点とは何でしょうか？

・・・

スマートフォン自体の処理速度が速いことや、ネットに常時接続していること、さらにアプリの使いやすさが挙げられます。ここでは、アプリの使いやすさに着目して掘り下げて見ていきましょう。

■ **スマートフォンのユーザー体験を決定づけるUI**

通常、同じカテゴリのアプリは1つだけではありません。スケジュールアプリも、カメラアプリも複数あります。日記のアプリも同様です。

同じスケジュールアプリでも圧倒的人気のアプリもあれば、不人気のアプリもあります。それでは、多くのユーザーを惹きつけるものは何でしょうか？

その1つが、アプリの使いやすさ、ユーザーインターフェイス（UI）です。UIとは、ユーザーが接触する画面（インターフェイス）のことです。つまり、スマートフォンやタブレットやパソコンの画面表示・デザインの見やすさであり、使いやすさのことです。

それでは、スマートフォンの画面で、アプリの使いやすさとは何でしょうか？
次の3つの要素があります。

■「アプリの使いやすさ」を決める3つの要素：ユーザーインターフェイス（UI）

1. 操作が直感的にわかる
2. デザインがシンプル
3. ユーザーが設定を調整・カスタマイズできる

1.操作が直感的にわかる

通常スマートフォンアプリにはマニュアルがありません。多くのユーザーは
直感で使っていきます。そこでユーザーが操作に迷わないという点は重要
です。アプリダウンロード後、はじめの起動時に操作方法を簡単に紹介す
るアプリもあります。

2.デザインがシンプル

スマートフォンは画面が小さいこともあり、装飾的で操作しづらいデザイン
ではなく、シンプルなデザインが好まれます。

3.ユーザーが設定を調整・カスタマイズできる

ユーザー自身で設定をカスタマイズできるというポイントは重要です。たと
えば、カレンダーアプリであれば、ユーザー側でフォントを選べたり色味を
変えられたりすることで自分のテイストにアレンジできるからです。それによ
りアプリの使いやすさが向上して愛着まで生まれるようになります。

■ ■ ■

UIについて、カレンダーアプリのジョルテを事例に紹介します。

■ ジョルテとUI

iOSでもAndroidでもカレンダーアプリは数多くあります。しかし、どれひとつをとっても全く同じものはありません。そこで使い勝手の良いアプリを選ぶことになります。

人によっては、スマートフォンだけでカレンダーを完結するのではなく、パソコンと連動させたり、他の人とカレンダーの閲覧を共有することもあります。その場合、Googleカレンダーをかませると、iPhoneユーザーもAndroidユーザーも使えるため、共有が楽になります。

しかし、唯一の欠点は、UIにおいてGoogleカレンダーのアプリには改善の余地があることです。

図4-9：ジョルテ　http://www.jorte.com/jp/

そこで、Googleカレンダーアプリよりも使いやすいアプリを探すことになります。その1つがジョルテです。ジョルテ（図4-9）はアプリ独自のカレンダーを使えますが、Googleカレンダーと同期することもできます。そのため、Googleカレンダーを利用する人であれば、データはGoogleカレンダーから引っ張ってきて、UIとしてのアプリは、ジョルテを使うという人が少なからずいます。

それではジョルテは何が使い勝手が良いのでしょうか？
先ほど紹介したアプリの使い勝手の3つの要素で具体的に見ていきます。

1. 操作が直感的にわかる
2. デザインがシンプル
3. 設定をユーザーが微調整・カスタマイズできる

1については、多くのアプリがそうであるようにジョルテもマニュアルはありません。しかしタップしていくだけで使い方がわかるようになっています。たとえば、予定を入れたい日をタップすると、「新規登録」の画面がポップアップして、予定の記載を促すようなUIになっているため迷いません。

そうして「登録」ボタンをタップすると登録が完了する手軽さです。もし、1ヶ月に1度繰り返す日程であれば、「繰返し」の部分で設定すれば、以後同じ予定を設定する必要すらなくなります。

2については、Googleカレンダーと比較した場合に、1ヶ月間の表示を比較すると見やすさに違いがあることがわかります。
たとえば、1ヶ月表示の時に、5.5インチ程度の画面のスマートフォンの場合、1日の予定が最大7件まで表示されるため見やすい（Googleカレンダーアプリでは5件）ことや、色使いがきつくないという点などが、ジョルテのデザインが支持される理由です（図4-10）。

図4-10：ジョルテの予定登録画面

3の設定をユーザーが微調整、カスタマイズできるという点では、たとえば、カレンダーの基本色を変えられます。色をホワイトからブルーに変えただけでも印象が変わります。また、フォントの種類を変えられます。すると、同じアプリを使っていても、ユーザーの好みによって見え方が異なってきますので、より自分に合った仕様に変更できます。

■ 永遠のβ版

アプリの特徴は永遠のベータ版ということがあります。
紙の本であれば 一度プリントアウトしてしまったら、次の版まで修正することができません。しかしアプリであれば アップデートしていくことが可能です。アプリ内の機能面のアップデートがほとんどですが、時にはUIやデザインのアップデートもあります。たとえば、Instagramのアイコンデザインが大幅に変わり、ユーザーを驚かせたこともありました（図4-11）。Instagramのような思い切ったアイコン変更の事例は稀ですが、デザインはシンプルへ、操作は直感的にという流れは、UIの良いアプリに共通しているものです。

図4-11：Instagramのアイコンの変化（左が古いアイコン、右が新しいアイコン）

まとめ

本講の前半では、限界費用と限界費用がほとんどかからないビジネスモデルをAirbnbの事例を通してみてきました。ただし限界費用ゼロのサービスであれば、すべてがうまくいくということではありません。成功するサービスの秘訣として、ユーザー体験（UX）と、スマートフォンで顕著に見られるユーザーインターフェイス（UI）について、具体的な事例とともに学びました。

考えてみよう

1 限界費用がゼロとなるようなサービスにはどのようなものがありますか？

解答例　スマートフォンアプリ
スマートフォンアプリは、iOSとAndroidが市場をほぼおさえているため、2つのOSに対応したアプリを制作して、投入します。アプリは、プログラムをダウンロードして利用するため、1,000人が利用しても、10万人が利用しても限界費用がほぼゼロとなります。

解答例　オンライン教育
Web上で無料で高等教育を受けられるサービスがあります。たとえば、MOOC（Massive Open Online Courses＝大規模公開オンライン講座）があります。インターネット上で公開された、大学を始めとする高等教育機関等の講座を、誰もが無償で受講でき、且つ講座終了時には修了証も取得出来る（取得条件有り）教育サービスです。
オンラインで学習が修了できるため、MOOCは典型的な限界費用ゼロのサービスです。

出典：JMOOCのWebサイトより　https://www.jmooc.jp/faq/users-support/

ちょっと深堀り

Airbnbに泊まってみたいと思ってたんですが、まだ泊まったことはないんです。

そうだね、そんなサービスがあるということを知識として知っているだけでなく、実際に使ってみると、より深くその使い勝手がわかるね。

先生はAirbnbを利用したことがあるんですか？

何度かあるよ。家族旅行で札幌に行った時に、Airbnbを利用したんだけど、小さな子供を連れて行くと伝えたら、宿泊施設のホストが札幌駅まで車で迎えに来てくれたんだ。ホストの家にも小さな子供がいるということで、車にはチャイルドシートも設置してあって、とっても助かった。親切心から申し出てくれて、ちょっとしたサプライズになったよ。

旅行先で、駅まで迎えに来てくれるなんて、通常のホテルには無いサービスですので、嬉しいことですね。

たまたまタイミングが良かったということもあるけれど、Airbnbがうまくいく秘訣は、事前のコミュニケーションに尽きるね。宿泊施設に掲載されている写真はプロが撮った場合が多く、きれいに撮られているので、写真だけでイメージを膨らませずに、クチコミ情報を確認する。そこで情報を絞り込んだ上で、ホストと直接メッセージで何度でもやり取りができるので、疑問点を取り除いていくと、だいたい行ってみてがっかりすることがなくなる。

参考になります。良くも悪くもホテルではないという点が、特徴になるのでしょうか？

そうだね、Airbnbは一般的なホテルではないので、バリエーションが豊かだね。海外ではお城を貸し出しているというものまで目にするようになったね。

図4-12：イギリスの城にも宿泊可能

お城に泊まれるんですね！
大学の卒業旅行で、思い出に残ることをやってみたいと思ってますので、一緒に行く友だちと相談してみます。

第4講 限界費用ゼロのデジタルマーケティングとUI・UX

復習クイズ

1 限界費用とは何ですか?

2 ユーザー体験（UX）とは何ですか?

3 ユーザー・インターフェイス（UI）とは何ですか?

答え

1. 限界費用とは、生産量を1増加させた時にかかる総費用の増加分のことです。

2. UXとはユーザーが製品やサービスを通じて得られる体験を指します。 UXはユーザーエクスペリエンス（User Experience）の略です。

3. UIとは、ユーザーが接触する画面（インターフェイス）のことです。たとえば、スマートフォンやタブレットやパソコンの画面表示・デザインのみやすさであり、使いやすさのことです。

In fact, more Google searches take place on mobile devices than on computers in 10 countries including the US and Japan.

米国や日本をはじめとする10か国では、スマートフォンからの検索が既にパソコンからの検索件数を上回っている。

2015年5月5日
Google AdWords Performance Summit

出典：Google Inside AdWords
https://adwords.googleblog.com/2015/05/building-for-next-moment.html

第5講

ローカルビジネスSEOとエンゲージメント

地元密着型店舗がデジタルマーケティングで繁盛する方法を学習しましょう

はじめに

第5講では、ローカルビジネスのデジタルマーケティング施策について紹介します。ローカルビジネスとは、地元密着型店舗のことです。施策は大きく2つあります。

1つ目は、顧客とのはじめの接点となるGoogleマイビジネスを用いた施策です。

続いて、顧客との関係性・絆の構築（エンゲージメント）について、LINE＠を用いる手法について紹介します。

5.1 ローカルビジネスに適用しやすくなったデジタルマーケティング

デジタルマーケティングは、何もAirbnbやUberのような世界規模のサービスにだけ適用されるものではありません。地元密着型のビジネスは、1店1店の規模が小さいため、これまでなかなか脚光を浴びることはありませんでした。しかしながら、テクノロジーの進展とスマートフォンの普及により、地域社会にとって重要な地元密着型の店舗ビジネスにとっても、デジタルマーケティングが有効に活用できるようになってきました。

■ ■ ■

地元密着型店舗ビジネス（ローカルビジネス）は、商圏が決まっています。業種業態によって違いますが、お店から半径1キロとか3キロといったように、商圏が比較的狭いのが特徴です。

この講義でフォーカスするのは、全国津々浦々を網羅しているチェーン店ではなく、地元に1店舗だけがあるような個店です。

全国的なチェーン店であれば、TVCMを打ったり、潤沢な予算を広告に投下して集客することも可能です。

それに対して、地元に1店舗しかないようなお店では、TVCMはおろか、新聞や雑誌へ広告を打つこともできないことが多いでしょう。そのためこれまでは、チラシのポスティングや新聞折込広告、自然発生的なクチコミなどに手法が限定されていました。しかし、スマートフォンの普及により、打ち手が増えてきました。

> ローカルビジネスとは、たとえば、コンビニエンスストア、スーパーマーケット、百円均一ショップ、文房具店、米店などの小売業、カフェ、居酒屋、Bar、定食屋、ラーメン屋、そば屋、カレー屋などの飲食業、クリーニング店、コインランドリーなどのサービス業が該当します。

5.2　ローカルビジネス戦略とAISARE

ローカルビジネスで理想的な状態は、近隣の生活者にお店の存在を知ってもらい、利用してもらい、愛着を感じて何度も利用してもらい、良いクチコミが自然と拡がることです。この状況が作れるのなら、自然と繁盛していきます。

第3講でAISAREというフレームワークを紹介しました（図5-1）。

ユーザーがはじめてお店を知るところからはじまり、お店を1回利用してみて、リピーターになり、さらには自分の大好きなブランドとしてクチコミをするという状態に至るまでの流れのことでした。

この講では特に次の2つを紹介します。
スマートフォンの時代になり強力に進化を続けているGoogleマイビジネスと、LINE@です。
この2つのデジタルマーケティングツールを活用することで、AISAREのうち、AISARまでを効果的に行えるようになりました。
Googleマイビジネスで、特にAISAまでを行えます。LINE@で、R（リピーターの施策）までを行えます。
これらの施策は、予算の限られたローカルビジネスでも十分に可能です。どちらのツールも無料か、大部分を無料でできるからです。
それでは、Googleマイビジネスからみていきましょう。

> その実践方法には、店舗のWebサイト、検索エンジン対策、YouTube施策、LINE@、Web広告、メルマガ、SNSなどがあります。

AISARE理論

A	Attension	店舗の存在に気づき
I	Interest	興味を持つ
S	Search	検索・来店し内容を知る
A	Action	1回目、利用する
R	Repeat	繰り返し利用して満足する
E	Evangelist	自分だけでなく他人にも良さを広める

※消費者の行動心理モデルです。

図5-1：ローカルビジネス戦略

5·3 ローカルビジネスのSEOとは

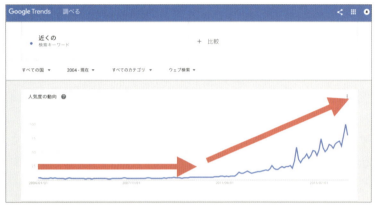

図5-2:「近くの」検索。2011年あたりから増加

図5-2は、Googleの検索で「近くの」という言葉を検索したユーザーのボリュームを時系列のグラフで表したものです。
2011年あたりから増えているのがわかります。
データはGoogleトレンドです。日々Googleには、検索ボックスに検索キーワードが入力されています。そのキーワードがGoogleには溜まっています。もしあなたが、あるキーワードについて、その検索の傾向を知りたいのなら、このGoogleトレンドに入力すれば、その検索ボリュームを時系列のグラフで見せてくれます。検索が2011年頃から伸びている理由は何でしょうか？その手がかりを知るために、「コンビニ」という言葉の検索ボリュームについても調べてみましょう（図5-3）。

Googleトレンド
https://www.google.co.jp/trends/

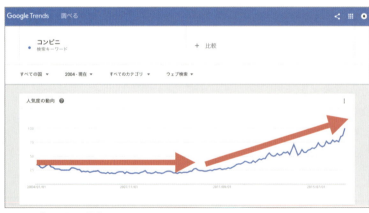

図5-3:「コンビニ」検索

「コンビニ」でも同様に2011年から検索数が多くなっているのがわかります。これは何を意味するのでしょうか？

この結果は、PCとスマートフォンからの検索数両方を合わせたものを示しています。

「コンビニ」は、2011年になって急に店舗数を増やしたわけではありません。定番のキーワードですから、いきなり検索が多くなるということは考えにくいです。PCからの検索だけなら、横ばいになるでしょう。

しかし、増えているというのは、スマートフォンの検索が増えていることを示しています。

本講義扉の言葉にあるように、Googleでの検索でスマートフォンからの検索数がPCを超えました。これは2014年から2015年にかけての話です。それ以降は、スマートフォンからのGoogleを活用した検索数が多いということです。

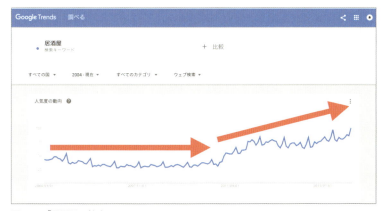

図5-4：「居酒屋」検索

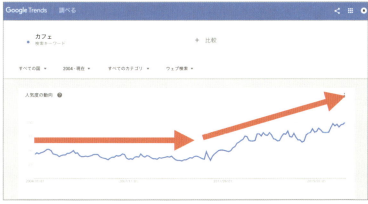

図5-5：「カフェ」検索

「コンビニ」だけでなく、「居酒屋」でも「カフェ」でも同様です（図5-4、図5-5）。この3つのキーワードに共通するのは、ローカルビジネスだということです。

初めて降りる駅で、カフェを探す時に、チェーン店でも良いけれど、せっかく来たのだから、その街にしか無いようなカフェに入ってみたいと思う人は少なからずいるでしょう。

また、仕事で客先に向かっていて、急遽資料のコピーをとりたい時には、コンビニでコピーしたり、プリントアウトすることもあるでしょう。

そのようなとき、スマートフォンで、「近くのコンビニ」と音声検索する人も少なくないのです。

・・・

つまり、スマートフォンによる検索が増えているため、PCからの検索と合わせて全体的にGoogle検索が伸びているという事実があります。さらに、スマートフォンは、外出の際にもいつも身近に携帯しているデバイスという特性があるため、ローカルビジネスの検索数が増えているというのもうなずける結果です。

下の2つの図は、PCによる検索結果と、スマートフォンによる検索結果です（図5-6、図5-7）。

図5-6：PCによる検索結果

図5-7：スマートフォンによる検索結果

何が違いますか?

比べれば一目瞭然ですが、パソコンの場合は、メインの結果表示部分に、Webサイトが表示されています。

そして、右側に、ナレッジパネルが表示されています。この表示に気付いている人も多いと思います。GoogleがWeb上から情報を収集してきて自動的に表示しています。ただし、Googleが自動的に集めてきた情報そのままでは完全ではありません。

・・・

スマートフォンの表示を見てみましょう。

スマートフォンでは、Googleのナレッジパネルが先に表示されています。ファーストビューでは見えませんが、この下にWebサイトが表示されます。なぜ、Webサイトよりも上部にGoogleのナレッジパネルを表示しているのでしょうか?

Googleの使命は、世界中の情報を整理し、世界中の人々がアクセスできて使えるようにすることです。

そう考えると、Webサイトは情報が充実しているものの、Webサイトごとにつくりが違うため、情報を検索している人は、情報を探す手間がかかります。

さらに、スマートフォンに対応したWebサイトだけではなくて、スマートフォンに対応していないサイトもあります。

このような現実から、検索結果にGoogle独自のナレッジパネルが先に表示されることは、のぞましいと考えるユーザーは多いのではないでしょうか。

Googleのナレッジパネルは、フォーマットが一緒なので、見慣れればわかりやすいからです。

電話のアイコンをタップすれば、すぐに電話できますし、営業時間もわかります。もう少しで営業時間が終わるというようなこともわかります。

ただし、すべてGoogleマイビジネスを設定していればの話です。

それでは、Googleマイビジネスの設定について簡単に流れをおさえてきましょう。

Googleの使命（Googleの会社概要ページ）
https://www.google.com/intl/ja/about/company/
Google創設者のラリー ペイジとサーゲイ ブリンが1996年につくった検索エンジンの当初の名前は、「Google」ではなく「BackRub」だったというトリビアも書かれています。

5・4　Googleマイビジネス

■ Googleマイビジネスとは

Googleマイビジネスは、Google 検索や Google マップなど、さまざまなGoogle サービス上にビジネス、ブランド、アーティスト、組織などの情報を表示し、管理するための無料ツールです。

図5-8:「このビジネスのオーナーですか？」

PCで検索した時に、「このビジネスのオーナーですか？」という表示を見たことがある人もいるでしょう（図5-8）。
これは、まだGoogleマイビジネスへの登録が完璧ではないことを意味しています。所在地や代表電話番号が入っていたとしても、営業時間までは入っていないことが多いです。
このローカルパネルは利用者にとって便利なので、登録するようにしましょう。

■ Googleマイビジネスを最適化する

Googleマイビジネスを登録することで、表示を最適化できます（図5-9）。スマートフォンから検索したユーザーであれば、その目的地までのルートをワンタップで表示することもできて便利です。
ローカルビジネスの設定をすることで、顧客はスムーズにお店にたどり着くことができるようになります。

図5-9：Googleマイビジネスの登録画面

5・5 競合がいる場合のローカルビジネスSEO

顧客は、あなたの会社やお店をいつでも指名検索するわけではありません。あなたのお店について知らない時には、ユーザーはどんな検索をするでしょうか。

たとえば、自分が札幌に旅行に行った場合のことを考えてみましょう。

あなたは、札幌で食事といえば、スープカレーだと思い浮かびます。そこで、「札幌　スープカレー」という言葉で検索します。すると、図5-10のような情報が表示されます。

札幌は、スープカレーの名店が多いため、競合状況は激しいといえますが、Googleは3つの結果を表示しています。

さらに情報を表示したい場合は、「さらに表示」をクリックすると複数の候補が表示されます。

図5-10:「札幌　スープカレー」で検索

■ ローカル検索結果を改善する方法

複数の事業者がいた時に、どのような仕組みで上位に表示されるのでしょうか？Googleは明確に紹介しています。

まずは、Googleマイビジネスに登録して、「ビジネスのオーナー確認」をして、「営業時間の情報を正確に保」ち、「クチコミの管理と返信」をして、「写真を追加」するように推奨しています。

また、次の3つのポイントも重要です。

「関連性」、「距離」、「知名度」の3つです。

関連性

関連性とは、検索語句とローカル情報が合致する度合いをさします。Googleマイビジネスに充実した情報を掲載すると、ビジネスについて的確な情報が提供されます。これにより、Googleマイビジネスに入力した情報とユーザーの検索語句との関連性が高まり最適化されます。

したがって、情報を正確に書くだけでなく、わかりやすく豊富に情報を盛り込むことでローカル検索結果を改善することができます。

ローカル検索を改善する「関連性」、「距離」、「知名度」についての出典：
「Googleのローカル検索結果の掲載順位を改善する」
https://support.google.com/business/answer/7091?hl=ja

距離

ローカル検索では、検索した位置と、お店までの距離も重要な要素です。「新宿　カフェ」と検索すれば、新宿のカフェが検索結果に現れますが、単に「カフェ」と検索した場合には、検索したスマートフォンの場所に応じてそのエリアのカフェの検索結果を表示するということです。

知名度

知名度とは、Web上の情報（リンク、記事、店舗一覧など）のことです。Googleでのクチコミ数も、ローカル検索結果の掲載順位に影響します。クチコミ数が多く評価の高いビジネスは、掲載順位が高くなる傾向があります。

ローカル検索結果を改善する方法は、Googleマイビジネスの情報を充実させることです。営業時間情報に加えて、写真を公開しましょう。写真はいくつでも掲載できますので、商品やサービスが分かる写真だけでなく、店舗の外観の写真も公開するようにしましょう。見込み客がこれを見て決める場合もあるため、重要な情報です。

クチコミ情報を掲載する場合は、やらせにならないようにしましょう。

スマートフォンがいきわたった時代ですので、誠実なサービスを提供し続けていると、お店のGoogleマイビジネスに自然なクチコミが入るようになります。

■　■　■

このようにして、顧客はお店に来店します。お店としては、顧客に1回だけでなく、2度、3度と足を運んで欲しいところです。そんな施策はあるのでしょうか？LINE@を使えば可能です。それでは、続いて、リピーター施策としてのLINE@についてみていきましょう。

5・6 LINE@で顧客との絆を築く

図5-11：LINEの国内利用者数とDAU（出典：LINE）

LINEの国内利用者数は、2016年1月現在で6,800万人です。日本の人口の過半数に達しています。
さらに、LINEはDAUが7割です。これは、圧倒的に高い数値です（図5-11）。

LINEはアプリをダウンロードしているユーザーが多く、しかも日々利用している人が多いサービスです。なぜでしょうか？
それは、スマートフォンにおけるコミュニケーションのインフラだからです。友人間、家族間などでのやりとりで個人レベルで日常的に活用されていますが、ここに企業による利用も入ってきています。

■ 企業活用2つの方法：公式アカウントとLINE@

LINEを企業として活用するには、主に2つの方法があります。
1つは、公式アカウントです。LINEのメニューから「公式アカウント」をタップすると、一覧が表示されるため、アクセスしやすいです。
ただ、費用が月額数百万円以上のため、個店向けではなく、全国を網羅している企業が対象と考えられます。

> DAUとは、1日に1回以上利用したユーザーのことで、Daily Active Usersの略です。
> MAUはMonthly Active Usersの略で、月に1回以上利用する人のことです。

> LINE@は、日本だけでなく、台湾などでも普及しています。利便性の高いアプリは世界をまたぎます。

■ LINE@とは

LINEの企業活用で、もう1つがLINE@（ラインアット）です。
店舗に入って、壁を見ると、図5-12のようなフォーマットのポスターが貼られているのを見たことがある人も多いのではないでしょうか。
これは、お店がLINE@を開設していて、登録者を促している告知のポスターです。
LINE@は、お店が登録できるツールで、顧客とのつながりを持てます。

LINE@は、情報を発信するアプリで、ビジネスでの利用が可能です。情報を発信するには受け手が重要です。さきほどのポスターは、お店の顧客に対して情報を提供するために、登録を促しています。LINE@には、お店が顧客に情報を送る、いわばメールマガジンのような機能があります。
公式アカウントとLINE@の最大の違いは、LINE@は無料から使えることです。そこで、小さなお店であっても気軽に利用できます。
フリープランで、月合計1,000通までのメッセージの送信でしたら無料です。それ以上になる場合は、ベーシックは有効友だち数5,000人まで（月額5,000円＋税）、それ以上10万人までならプロプラン（月額2万円＋税）が利用できます（2017年3月現在）。

図5-12：LINE@のポスター

LINE@に関心を持った人は、次のURLでLINE@マニュアルを確認できます。
http://lineat-Webcollege.blog.jp/

■ LINE@と顧客リレーション

「犬ごころ 東川口店」という犬の専門店があります。犬の生体やグッズの販売の他、トリミングも行っている店舗です。ペットを撮影してカレンダーにしたり、愛犬の歯のクリーニングをするなどさまざまなイベントを多く行なっています。

顧客側としては、これまでイベントがある時に、それを知る手立てが限られていました。グッズを選びに来店したり、トリミングをしに来店した時や、検索してWebサイトを逐次チェックして知るくらいでした。
そこで、顧客向けに、LINE@の活用をはじめました（図5-13）。何かイベントやお得なお知らせがあった時には、LINE@で登録者へ通知します。すると、顧客もタイムリーに情報を受け取れて、メリットがあります。
友だち募集の方法は、店内の掲示物やWebサイトです。
店舗側が気をつけているポイントは、お客さんの立場になって、厳選されたおトク情報を送ることだといいます。

図5-13：「犬ごころ 東川口店」のLINE@

LINE@は、開封率も高く、顧客に届きやすい一方で、あまりに高い頻度で送ると、ブロックされることも増えます。おトクな情報をテンポよく送りたい気持ちをおさえて、厳選されたお知らせをたまに送っています。顧客とお店のエンゲージメントがうまくいっている事例といえます。

■ 地元密着型店舗に有効なLINE@

ローカルビジネスのLINE@活用とは、1回利用してくれた顧客とのエンゲージメントにほかなりません。 LINE@を運営しているお店は、顧客にとって有用な情報を流します。すると、顧客は、そのお店で嫌な体験をしておらず、少し良い体験をしていれば、店舗のことを思い出し、またお店に足を運んでくれることがあります。

5・7	LINE@の特徴とエンゲージメント

LINE@の特徴は、プッシュ（Push）型であることです。

Webサイトはアクセスされるのを待つメディアですので、プル（Pull）型です。

LINE@は一度登録されれば、運営側から登録者へプッシュ送信できます。こういったツールはあまり多くありません。ブログは閲覧されるまで読まれません。どんなに良質なブログ記事を書いたとしても、アクセスされなければ、読まれることはありません。

それに対して、LINE@は、運営側が顧客にお知らせしたいと思ったことは、メッセージを送ることができます。

このようなプル型のメディアは珍しく、他にはメールマガジンとアプリのプッシュ通信くらいしかありません。

■ クーポンの他にもあるエンゲージメント方法

来店の施策としては、クーポンが最たるものでしょう。たとえば、ネイルサロンやヘアサロンや整体院、マッサージ店などで、当日いきなりのキャンセルなどで空きが出たら、空き状況と割引情報を一緒にLINE@で登録者に送信します。すると、すぐに予約が埋まるということもあります。

しかし、それだけではありません。エンゲージメントを強化する方法として次のようなものがあります。

■ LINE@成功のポイント

硬すぎないメッセージ

LINE@成功のポイントの1つ目は、硬すぎないメッセージです。 LINE@は、顧客のLINEアプリに届きます。顧客はLINEでやり取りをしている相手は、友人や家族といった親しい人が大半です。

そこへ、「拝啓」からはじまる硬すぎるメッセージが届いたらどうでしょう。硬さを通り越して冗談かと思われるかもしれません。

友人にLINEすると同じように、平易な言葉で、短めに、ハートなどの絵文字を入れてもOKです。

ブロックされないでエンゲージメントを高める

LINE@を運営していく中で、もう1つ重要なポイントがあります。それは、売り込みをしないことです。多くの顧客は売り込みを嫌うからです。

せっかく、顧客がLINE@に登録しても、すぐにブロックしてしまったら、顧客に届きません。

そして、ブロックされないで、愛顧してもらうことを念頭に置いてコミュニケーションをします。

顧客にとって有利な情報を提供することです。それは、情報発信の頻度です。どんなに良いメッセージでも、1日に5回も送られてきたら、多すぎてブロックしたくなります。多くの場合月に1回から4回程度が適当です。

> ブロックとは、ユーザーが情報を受け取らない設定のことを言います。

■ LINE@でできるエンゲージメント

LINE@では、お客さんとの1対1のトークもできます。ただ、場合によっては、オペレーション上そこまでは対応できないという場合も多いでしょう。その場合は、設定で1対1のトークをOFFにすることもできます。

まとめ

第5講では、地元密着型店舗ビジネス（ローカルビジネス）のデジタルマーケティング施策について具体的に学んできました。たとえば、AISAREのうち、AISAまでの流れを、Googleマイビジネスを設定することで、ナレッジパネルを適切に表示することをみてきました。

さらに、1度来客したお客さんに対して、LINE@を登録してもらうことで、リピート（R）へつながる流れを作ることができました。

考えてみよう

1 あなたが登録しているLINEの公式アカウントと、LINE@のお店をリストアップしてみましょう。そのうえで、どんな傾向があるか考えてみましょう。

解答例

公式アカウント：無印良品、ユニクロ、JINS、楽天市場

LINE@：犬ごころ、ステーキカフェ ケネディ、ベルジャンビアカフェ

公式アカウントは、全国的に有名な企業がそろっています。また、リアル店舗やECサイトで商品を購入できる物販の企業が多いということが特徴として挙げられます。

LINE@は、実店舗のある個性的なお店が多いことが傾向として確認できます。また、クーポンを発行している場合も多く、お店へ再来訪するきっかけを作っていることも特徴です。

2 店舗の運営者の立場になって、顧客にLINE@を登録してもらうための施策について、どのようなものがあるか箇条書きで書き出してみましょう。

解答例

・お店の壁にLINE@のポスターを貼る。
・テーブルにQRコードが記載された登録用のシールを貼る。
・レジ横のカウンターにLINE@を促すPOPを設置する。
・LINE@の登録手順を書いた持ち帰り用のカードを設置する。
・チラシ配布物にLINE@のQRコードを記載する。
など

ちょっと深堀り

今回は、ローカルビジネスのデジタルマーケティングについてでした。ローカルビジネスは、地元密着型の店舗という意味なんですね。

そう。昔ながらの商店街で、1店1店閉店していってシャッター街化しているという報道もあるけれど、地元で評判のお店も多いよね。

たしかに、地元に、チェーン店ではない中華料理店があります。店内では中国語が飛び交っているほど、味は本格的で、私も家族でよく利用しています。

そんな地元で評判のお店もあるけれど、昔からひっそりと営業していて、でもまったく接点がなくて、10年住んではじめて「えー、こんなところにお店があったの?」と、その存在に気づくという店舗も、たまにある。

そうなんです、近くにあっても、意外と知らないお店があります。
お店というわけではないのですが、この間、歯が痛くなったので、近くの歯科医院を検索してみたら、びっくりするほどたくさんありました。自分の認識していた歯科医院は、その中の一部だったんです。ビルの3階に入っている歯科医院はまったくノーマークでした。そのビルの前はよく通っていたのですが。

コンビニであれば、多くの場合、路面店で1階なので気づくけど、気づいていないお店もたくさんあるね。昔からあるから、街の中の風景の一部になっていて気づかない。または、ビルの中など場所がわかりにくいから気づかない。さらに、自分の関心の外にあるため気づかないというのもあるね。

そんなお店でも、今は、ユーザーがスマートフォンを肌身離さずもっているので、すぐに検索をする。すると、検索結果に出てくることが大いにあるんだ。位置情報からも割り出されているので、いつも大手がトップに表示されるということではなくて、個店でも、十分に上位に表示されることがある。

それには、Googleマイビジネスの設定が必要ということでしたね。

そうだね。大いに有利になる。
LINE@は、使ってる?

講義内でも出てきましたが、LINEは良く使います。お店でよく見るポスターは、LINE@というのですね。ときどきクーポンが送られてくるので、クーポンが送られてくるとついつい行ってしまいます。自分にとってメリットがあると思っていたのですが、お店側も、お客さんに来て欲しい時に送ることで、来客につながってメリットがありそうですね。

良いところに気づいたね。自分がお客さんとしてだけ接していると、いつまでたっても顧客視点を抜け出せないけれど、お店側の立場もわかってきたね。だいぶデジタルマーケティングの思考が身についてきたようだね。

復習クイズ

1 ローカルビジネスとは何ですか?

2 2011年以降、ローカル検索が増えてきた理由を簡潔に答えてみましょう

3 DAUとは何ですか?

4 Googleマイビジネスとは何ですか?

5 LINE@とは何ですか?

答え

1. 地元密着型の店舗やサービスのこと。

2. PCの検索だけでなく、スマートフォンやタブレットによる検索が増えてきたから。

3. デイリーアクティブユーザーの略で、1日に1回以上利用する人のこと。

4. Googleマイビジネスは、Google検索やGoogleマップなど、さまざまなGoogleサービス上にビジネス、ブランド、アーティスト、組織などの情報を表示し、管理するための無料ツール。

5. LINE@は、登録者に向けた情報発信やコミュニケーションを通じて、ファンとの距離を縮めることのできるサービスで、特にリピーター施策として有効。個人・法人問わず利用できます。

唯一満足できるはやさは「その場です
ぐ」となる

出典：『＜インターネット＞の次に来るもの』
ケヴィン・ケリー著 服部 桂 翻訳 NHK出版 p158

第6講

EC市場の進展、リアルの展開とシェアリングエコノミー

EC市場の進展と、リアルと組み合わされたショッピング体験と、シェアリングエコノミーを理解しましょう

はじめに

本講では、物質的な生活をする上で必要なデジタルマーケティングについて見ていきます。新品を届ける経済と、既存のモノを活かす2つの経済があります。

前半では、新品を届ける経済についてみていきます。まず、リアルとネットの市場規模を確認してから、スマホで注文して2時間後には到着する、Amazon Prime Nowの事例を見ていきます。新品を購入するにあたり、納品までの時間を極限まで短縮している事例です。次に、ECに参入していないリアル店舗のIKEAが、スマートフォンアプリで、店舗内外での商品体験の快適さを実現している事例を見ていきます。

後半では、既存のモノを活かす経済についてみていきます。シェアリングエコノミーをテーマに、既存の場所やモノのシェア、さらに、資金の融通の事例をみていきます。

この講を通して、EC市場の進展と、スマホとリアルとが組み合わされたショッピング体験と、シェアリングエコノミーについて深く理解できるようになります。

6・1　EC市場とリアル市場の大きさ・Webの伸び

この節では、一般消費者が新品を購入する経済について見ていきます。新しいものを作って消費者に届ける経済圏です。

まず、一般消費者向けのEC、つまりBtoC向けのECを見ましょう。図6-1は2010年から2015年までの一般消費者向けのECの市場規模の推移です。これをみるとわかるように、年々ECの規模が成長しています。2010年に約7.8兆円だったBtoCのECの市場規模が、2015年には約13.8兆円へと約1.8倍に伸長しています。毎年1兆円前後ずつ大きくなっていることがわかります。2015年のEC化率は4.75%です。BtoCのEC化率とは、ECではない通常のBtoCの市場規模に占めるECの割合です。

ECには、物販、サービス、デジタルの3分野があります。そのうち、もっとも大きいのが物販分野で2015年には52.6%を占めています（図6-2）。

> 日本国内の小売サービス（BtoC）全体の市場規模（リアルとECをあわせたもの）は約290兆円から300兆円程度で算出される場合が多いです。

図6-1：日本のEC（BtoC）市場規模の推移　出典：経済産業省
http://www.meti.go.jp/press/2016/06/20160614001/20160614001.html

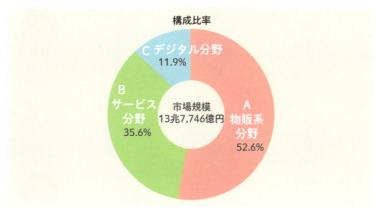

図6-2：BtoCのECの構成比　出典：経済産業省

このうち物販分野の詳細を見てみましょう（図6-3）。EC化率には、かなりのばらつきがあることがわかります。

「食品、飲料、酒類」のEC化率は、2.03％なのに対して、「書籍、映像・音楽ソフト」のEC化率は、21.79％、「生活家電、AV機器、PC・周辺機器等」のEC化率は、28.34％です。

この結果から読み取れることは、電子レンジや電気ポットといった生活家電や、テレビやハードディスクレコーダーといったAV機器をリアルの家電店ではなくてネットショップで購入する人がすでに3割弱を占めているということです。

分類	2014年 市場規模(億円)	EC化率(%)	2015年 市場規模(億円)※下段：昨年比	EC化率(%)
① 食品、飲料、酒類	11,915	1.89%	13,162 (10.5%)	2.03%
② 生活家電、AV機器、PC・周辺機器等	12,706	24.13%	13,103 (3.1%)	28.34%
③ 書籍、映像・音楽ソフト	8,969	19.59%	9,544 (6.4%)	21.79%
④ 化粧品、医薬品	4,415	4.18%	4,600 (6.5%)	4.48%
⑤ 雑貨、家具、インテリア	11,590	15.48%	12,120 (4.6%)	16.74%
⑥ 衣類・服装雑貨等	12,822	8.11%	13,839 (7.9%)	9.04%
⑦ 自動車、自動二輪車、パーツ等	1,802	1.98%	1,874 (4.0%)	2.51%
⑧ 事務用品、文房具	1,599	28.12%	1,707 (6.8%)	28.19%
⑨ その他	2,227	0.56%	2,348 (5.5%)	0.63%
合計	68,043	4.37%	72,398 (6.4%)	4.75%

図6-3：物販分野のEC化率　出典：経済産業省

また、本やDVDといった「書籍、映像・音楽ソフト」は2割がネット経由で購入されています。ここでいう書籍には電子書籍は含まれません。また、映像・音楽ソフトにはダウンロードやストリーミングは含まれません。純粋な紙の本や、物質としてパッケージされたDVDやCDです。このうち2割がすでにオンラインで注文されて流通しています。書籍や映像・音楽ソフトは、今後は紙の本から電子書籍へ、DVDからダウンロードやストリーミングへとオンライン化が進んでいくことが予想されます。そのため、このカテゴリに限っては、中長期的には市場規模自体が横ばいか、ゆるやかに縮小していくことが予想されます。

それに対して「食品、飲料、酒類」といった生活に密着した商品は、わずか2.03%がネット経由ということがわかります。日々の食品は近場のスーパーマーケットやコンビニエンスストアで購入する人が多いため、リアルの店舗が圧倒的に強い分野です。しかし、この牙城も、この後に見るAmazon Prime Nowなどのサービスによって、少しずつネットからの注文が増え、変化していく可能性があります。

BtoCのEC市場は、今後も順調に拡大を続けていくことが見込まれます。

電子書籍はデジタル分野に入ります。

ECの動向を確認するには、経済産業省の次の資料がおすすめです。
平成27年度我が国経済社会の情報化・サービス化に係る基盤整備（電子商取引に関する市場調査）
http://www.meti.go.jp/press/2016/06/20160614001/20160614001-2.pdf

6・2　納品までの時間を短縮：Amazon Prime Now

■ BtoCのECの注文から手元に届くまでの速さ

消費者の立場からすると、まったく同じ商品を購入するのであれば、安いほうが良いでしょう。インターネットの検索で簡単に価格の比較ができます。また、価格競争という点では、ECだけでなく、リアルの店舗も含めた競争になります。ただし、リアル店舗は、接客する店員や展示するスペースや駅前などの一等地やロードサイドの大型の土地に店舗を構える必要があるので、ネットショップに較べて、どうしてもコストがかかります。

そのため、コスト構造では、ネットショップの方が有利です。利益は同じでもネットショップの方が安価にできます。統計で見たように、Webでの購入額が増えているゆえんです。

ただ、リアルショップなら、その場で購入してすぐにでも使えますが、ネットショップでは注文してから、手元に届くまでに日数を要することがありました。この状況を打開するサービスの草分けは、主にオフィス向け事務用品分野のASKUL（アスクル）でした。アスクルが翌日配送をはじめたのが1997年です。当時翌日に配送されることは革新的でした。翌年の1998年には一部当日配送を開始して取引を拡大していきます。

新品の売買では、速く速くという流れが、ASKULが翌日配送をはじめてから20年以上たった現在でも続いています。

なぜなら、新品の場合は、ネットショップA社と、ネットショップB社が、同じ製品を扱っていることが往々にしてあるからです。

まったく同じ商品であれば、安価なだけでなく速く届いたほうが良いでしょう。その後、どこまで速くなったのか、Amazon Prime Nowの事例を見ていきましょう。

アスクルの社名の由来は「明日来る」からといわれています。つまり、翌日に配送されることが速いとされていた時代ということです。

■ 新しいものを速く届ける：Amazon Prime Now

下記のような状況はあるでしょうか。

- 週末に自宅で友人を呼んで食事会をしているが、飲み物が切れてしまい、追加で頼みたい。
- プリンタインクが切れてしまった、すぐに補充したい。

- 家の電球が切れてしまった、すぐに交換したい。
- 家のペットボトルの水の在庫が切れてしまった。追加補充したいが、外は雪が積もっている。

このようなときに、商品を誰かに配達してもらえたら助かります。そのような時には、Amazon Prime Nowが便利です（図6-4）。

Amazon Prime Nowはパソコンからではなく、スマートフォンから専用のAmazon Prime Nowアプリで注文します。追加料金を支払えば、最速で1時間以内、2時間便なら配送料は不要で届けてくれます。1注文あたり2,500円以上で利用できます（2017年3月現在）。

商品は、Amazonで購入できる商品全てが網羅されているわけではありません。しかし、プリンタ用のインクや、マウスなどのパソコン周辺機器、日持ちのする食品や飲み物は一通りそろっています。さらに、あまり見かけないような商品で、たとえば、ビールのカテゴリなら輸入ビールなどもAmazonがセレクトしているものの中から選べます。

Amazon Prime Now用に拠点の整備が順次すすめられています。通常Amazonでモノを購入すると、プライム会員ならおおむね翌日に届けてくれます。ただ、配送は運送会社が担っています。Amazon Prime Nowでは、Amazonが配送もおこないます。Amazonが注文からロジスティクスまで、完結させています。

> Amazon Prime Nowは、2016年に東京・神奈川などの一部の地域からサービスがはじまりました。

> 価格は、コンビニよりは安く、スーパーマーケットよりは高いというちょうど中間です。ここまで速いので、格安を売りにするスーパーマーケットほどの最安値でなくてもモノは売れていきます。

図6-4：Amazon Prime Now

注文した後には、商品が現在どこを通っているか、アプリ内の地図で確認できます。

アイスクリームも注文できます。冷凍されたものも配達できるということです。届いた時には、アイスクリームはもちろん冷凍されているので、配送センターには常温の保管スペースだけでなく、冷凍庫が完備されていることがわかります。

Amazon Primeの会員であれば、当日配送サービスは、これまでにもありました。朝8時くらいまでに注文が済んでいれば、その日の夜には届く商品も少なくありません。それがAmazon Prime Nowでは、最短で1時間以内に届くようになりました。

人口密度の高い日本では可能ですが、人口密度の比較的希薄なアメリカでは通常配送に数日かかることは普通です。

冒頭の言葉でもあるように、『〈インターネット〉の次に来るもの』にてケヴィン・ケリーは、「唯一満足できるはやさは『その場ですぐ』となる」と言っています。また一歩近づいたといえます。

6·3　リアル店舗でのアプリ活用：IKEA Storeアプリ

つづいて、Amazonのように、ECの利便性を極めている企業がある一方で、ネット上からは注文ができない（少なくとも2017年3月現在、日本国内に直営のオンラインショップがない）グローバル企業を紹介します。

冒頭でEC化率は2015年に4.75%になったと紹介しましたが、EC化していない95%のうち、取り残されているのではなく、スマートフォンも絡めて店舗体験を重視している企業をとりあげます。IKEAの取り組みです（図6-5）。

図6-5：IKEAのWebサイト（https://www.ikea.com/sp/ja/）

IKEAは、北欧スウェーデン発祥の世界企業です。直営店だけで世界25カ国に272店舗以上（2017年2月現在）あります。日本にも2006年に再進出以来、店舗数を増やしています。

大きな店舗で在庫をかかえているので、ネットショップを展開するのも1つの方法だといえますが、ECには消極的な企業です。2017年2月現在、IKEAのWebサイトはありますが、商品の紹介にとどまっており、ネットから誰でも注文できるようなシステムはありません。その反面、店舗でのショッピング体験を重視している企業といえます。

IKEAは、在庫を確認できる「IKEA Store」というアプリを用意しています。店内にいなくても自分の欲しい商品の在庫があるかどうかがわかります。さらに商品の詳細情報もアプリでわかります。

従来は、お店に足を運ぶと紙と鉛筆が用意されており、ショールーム型の店内を回りながら、時には実際にソファに座りながら、座り心地をチェックして、気に入った商品の商品コードを紙に鉛筆で書いていました。この部分をアプリでできるようになりました。

スマートフォンのカメラで、ショールームの各商品についている商品コードを読み取ります。すると、アプリに反映されます（図6-6、図6-7）。

図6-6：IKEAのアプリで商品コードをスキャン

図6-7：アプリに商品が登録される

このようにして、店内を動き回りながら、スマホアプリでショッピングリスト化していきます。紙と違い、読み取ると、商品写真と、その商品の在庫が該当店舗にあるかどうかがわかります。また、どの商品をリストに入れたのか、価格がいくらで、合計がいくらになるのかといったことも自動計算されます。

第4講で、ユーザー体験（UX）が重要だという話をしました。UXとは、何もパソコンやスマートフォンの中だけの体験ではありません。リアルの店舗とスマートフォンをかけ合わせた体験もUXです。

IKEAは、店内でのUXにすぐれた企業だといえます。

IKEAは、今後は日本国内でもECを立ち上げる可能性はありますが、状況を見ていると、ネットショップには積極的ではありません。

しかし、実店舗での利便性は、スマートフォンアプリと絡めて極限まであげているといえます。

ここまで、EC企業と、実店舗でのアプリ活用を見てきました。両方共新品を販売するという点で共通しています。

私たちの社会は、新品だけを購入しているわけではありません。既存の中古のモノを買ったり、場所をシェアする経済もあります。

そこで、つぎのパートでは、既存のモノや場所やリソースなどを共有するという、シェアリングエコノミーについてみていきます。

6・4　シェアリングエコノミー

第4講で限界費用ゼロについて学び、Airbnbの事例も紹介しました。Airbnbは使われていない部屋を貸し出す時のプラットフォームでした。Airbnbのような、使われていない資産をネット上でやりとりして融通する経済のことを、シェアリングエコノミーといいます。

別のいい方をすれば、シェアリングエコノミーとは、使われていない資産をインターネットを通して活用することです。

「インターネットを通して」という点が、従来型のレンタル業と、シェアリングエコノミーの違いです。

従来型のレンタル業とは、たとえば、DVDレンタルやレンタカー、機器のレンタルといった事業です。DVDレンタルであれば、リアルの店舗へ行って、店内で選んで借りるのが一般的です。

これら、従来型のレンタル業と、シェアリングエコノミーの市場規模はどれほどでしょうか。プライスウォーターハウスクーパース（PwC）のデータを紹介します（図6-8）。

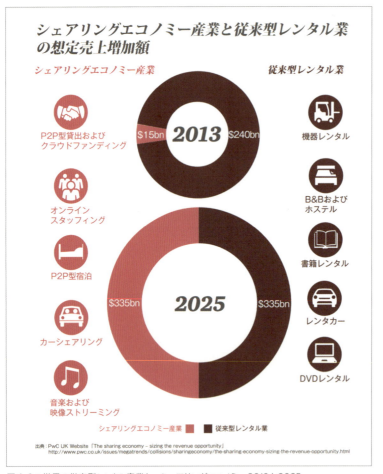

図6-8：世界の従来型レンタル産業と、シェアリングエコノミー2013と2025
出典：https://www.pwc.com/sg/en/publications/assets/the-sharing-economy-jp.pdf

PwCは、全世界での2025年のシェアリングエコノミー市場規模を3,350億ドル（33兆円超）と算出しています。

2013年には、150億ドル（約1.5兆円）でしたので、20倍以上の成長を見込んでいます。

それに対して、リアルなレンタル市場は、2,400億ドル（24兆円）から3,350億ドル（33兆円超）へ成長する予測を出しています。

10年程度で20倍以上も成長するセクターは多くないため、本当に実現するなら、シェアリングエコノミーの伸びは著しいといえます。

これをみてわかるのは、私たちの生活を構成しているものは、なにも新しく購入されたものだけではないということです。古本を買ったり、知り合いから子供服をもらったり、不要になった机やイスを売ったりします。こういったことはインターネットが普及する前からありました。ただ、それはごく一部であり、活用されないままに捨てられていたケースも多かったということです。スマートフォンの普及でインターネット上で使われていない資産が活用されることが増えてきました。その伸びが2025年までに2013年比で20倍以上になると予想されているわけです。

その専用のサービスも続々と立ち上がってきており、頭角を現してきたサービスに育っている事例も散見されています。

シェアリングエコノミーについて、既存の場所のシェア、既存のモノのシェア、労働力・資金のシェアの3つについてみていきます。

■ **既存の場所をシェア**

使われていない既存の場所という資産は、Airbnbが扱っている宿泊スペースだけではありません。たとえば、一軒家の家の前の駐車スペースが使われていないという場合もあるでしょう。駐車場を貸し出すakippa（アキッパ）の事例をみていきましょう。akippaは、オンラインで簡単に駐車場を検索・予約できる駐車場サービスです（図6-9）。

たとえば、自宅に車を駐められる空いたスペースがあれば、その場所を貸し出せるサービスです。

貸し出す側は、これまで遊休資産としてもっていた駐車スペースを貸し出すことで、収益をあげられます。または、自宅の駐車場は、遊休資産とすら考えていなかったかもしれません。そのような駐車スペースをマッチングしてくれます。

> 1ドル100円として計算しています。

図6-9：akippaのWebサイト（https://www.akippa.com/）

特に都市部では駐車場は限られています。また、料金もコインパーキングよりも安価に設定されていることもあるため、駐車スペースを借りる方にもメリットがあります。

akippaは、駐車スペースをオンラインで予約できます。パソコンからでも、スマートフォンからでも可能です。

たとえば、東京の池袋というエリアでは、通常、時間貸しの駐車場は日中の時間帯で20分200円程度が相場です。それが、akippaでは15分30円程度から借りられる場合があります（価格は貸主が自由に決められます）。事前に予約するので、駐められないということがありません（図6-10）。パソコンでもスマートフォンでも操作できるところが便利です。価格が安いため、利用者にとってお得です。また、貸主もこれまで売上をあげていなかったところから収益をあげられます。

図6-10：akippaの事例

■ 既存のモノを活かす、売買する

続いて、既存のモノを活かす、売買する分野のシェアリングエコノミーについてみていきましょう。

シェアリングエコノミーの草分けの「ヤフオク！（Yahoo!オークション）」と、スマートフォンが当たり前になった社会の中で多くの人が利用を始めたフリーマーケットの「メルカリ」を取り上げます。

ヤフオク！は、ネットオークションの老舗として、日本では1999年からサービスを開始してきました。もともとはYahoo!オークションという名称でしたが、略称で使われてきたヤフオク！が正式名称になりました。2015年度の取扱高は8,667億円です。日本で最も多くの人に利用されているオークションサービスです。

ヤフオク！でオークションの出品者になるには、有料のプレミアム会員になる必要があります。これは、安心して取引をするための認証を受けるためです。さらに、「フリマモード」という価格を決めた出品の場合は、プレミアム会員でない無料の会員でも、出品できるようになりました。

メルカリ

スマートフォンで使い勝手の良いアプリとして、メルカリを紹介します（図6-11）。

図6-11：メルカリ（https://www.mercari.com/jp/）

メルカリは、スマートフォンとPCから誰でも簡単に売り買いが楽しめるフリーマーケットアプリです。購入時はクレジットカード・キャリア決済・コンビニ・銀行ATMで支払いができます。また、品物が届いてから出品者に入金される独自システムで安心です。

たとえば、子供服は、子どもの成長が早いため、あまり着ずに不要になることがあります。ほとんど着ずにほぼ新品のままで捨ててしまうのがもったいないと感じることもあります。

このような時には、メルカリに出品することで、モノを捨てずに済み、必要とする人に届けられます。

メルカリは、2013年にサービスを開始しました。一貫して成長しており、2016年には、月間取扱高が100億円を超えました。

2016年12月にはアプリが4,000万ダウンロード、1日の出品数が100万点にのぼっています。

アプリは、スマートフォンの使い勝手を追求しており、出品や、購入が簡単にできます。

フリーマーケットアプリには、他にも女性向けに強い「FRIL（フリル）」というサービスがあり、このフリーマーケット分野はいくつかのプラットフォームが成長しています。

このようなシェアリングエコノミーのサービスは、まだ黎明期であり、これまでにこのようなマッチングサービスが小さかったか存在しなかったことを考慮すると、2025年までに2013年比で20倍以上も成長する可能性は、十分に考えられます。

■ 労働力・資金のシェア

つづいて、モノでも、場所でもなく、労働力や資金をシェアするサービスを紹介します。

余っている労働力や資金をWebを介して活用するタイプのシェアリングエコノミーです。

ここでは、クラウドソーシング、クラウドファンディング、ソーシャルレンディングの3つを取り上げます。

クラウドソーシング、クラウドファンディングについては、『Webマーケティング集中講義』の第9講と第11講にも詳しく書かれています。ここでは用語の説明とアップデート情報を中心にみていきましょう。

108

クラウドソーシング

クラウドソーシングは、仕事を依頼したい依頼主と仕事を受けたい受託者を結ぶプラットフォームです。
たとえば、企業のロゴや、企業キャラクターを作りたい時に、数多くのフリーランサーが制作したものから選ぶことが可能です。

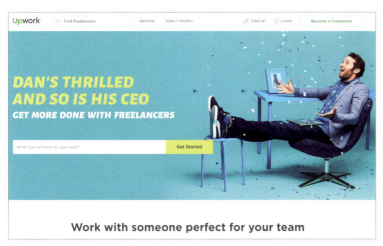

図6-12：クラウドソーシングのUpwork（https://www.upwork.com/）

世界的なクラウドソーシングサービスとしては、Upworkがあります。ElanceとoDeskが合併して2015年にできたサービスです。世界中の1,200万人以上のフリーランサーが登録しています。
日本ではクラウドワークス、ランサーズなどがあります。

クラウドファンディング

クラウドファンディングとは、資金が必要とされるプロジェクトに対して、その内容に共感した人が、通常インターネットを介して主に資金面で支援することです。
たとえば、小型で高性能なイヤホンをつくるプロジェクトに対して、そのプロジェクトに共感して支援したい多数の人が、資金を提供することで、プロジェクトを成立させて、ものづくりを助けます。資金の提供者は、その見返りに、小型で高性能なイヤホンを入手できます。資金提供の多寡も選択できることがほとんどで、多くの資金を提供する人には、それに見合った返礼があります。

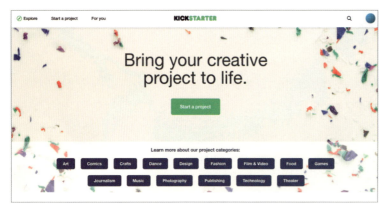

図6-13：クラウドファンディングのKickstarter（https://www.kickstarter.com/）

世界的なクラウドファンディングのプラットフォームとしては、Kickstarterや、Indiegogoなどがあります。たとえば、Oculus RiftというVRのヘッドセットは、もともと2012年にKickstarterでプロトタイプの支援キャンペーンを立ち上げたのがきっかけです。2種類の開発キットを経て、コンシューマー向けの製品版は2016年に発売されました。

クラウドファンディングは、目標金額に到達した時のみ成立となるAll or nothingのパターンと、目標金額に達しなくても成立するAll inのタイプがあります。Kickstarterは、All or nothingタイプで、IndiegogoはAll inタイプです。

> Oculus VR社は2014年にFacebookに買収されました。

日本ではCAMPFIRE、Readyfor、Makuakeといったクラウドファンディングのプラットフォームがあります。それぞれに特色があります。

CAMPFIREは、音楽やアート、商品、写真、映画などのカルチャー要素の高いプロジェクトに強いことが特徴です。

Readyforは日本のクラウドファンディングの草分けです。「誰もがやりたいことを実現できる社会へ」というミッションを掲げており、カテゴリには、「アート」「ものづくり」のような一般的なものの他に、「社会にいいこと」や「チャレンジ」といったものがあります。他のクラウドファンディングと比べて、女性のプロジェクトが多いのも特徴的です。

Makuakeは、高機能なイヤホンや軽量で大容量のポータブルバッテリーなど、最新のテクノロジーを駆使したものづくりに関するプロジェクトの割合が多いことが特徴です。

クラウドファンディングに商品を出すことで、TwitterやFacebookなどで情報が拡散されて、PRができます。

また、クラウドファンディングすることにより、市場性があるかどうかを確かめられます。製品をいきなり発売するのではなく、発売前にクラウドファンディングにだして、顧客の反応を知るという使い方もできます。

そのため、テストマーケティングとしても活用されることもあります。

ソーシャルレンディングのmaneo

続いて、ソーシャルレンディングのmaneoを紹介します。

ソーシャルレンディングは、投資する資金がある人と、融資を受けたい事業者をWeb上で結びつける仲介サービスです。ソーシャルレンディングは投資型クラウドファンディングとも呼ばれることがあります。

図6-14：ソーシャルレンディングのmaneo

たとえば、建売住宅を仕込みから販売まで行う企業のことを考えてみましょう。企業は土地を取得し、そこに住宅を建て、その住宅を販売します。この3つの流れで取引が終了します。銀行から融資がおりれば良いですが、融資枠などさまざまな事情で、これ以上銀行から借り入れができないことがあります。

企業側としては、市場性のある土地に住宅を建てれば売れるということがわかっている時があります。そのような時に、ソーシャルレンディングが役立ちます。スムーズに資金を用立てられます。ただし、ソーシャルレンディングでは、事業会社にとって、銀行などの金融機関の金利よりも通常は高くなります。その分、投資家へのリターンも高く設定できるため、資金が集まりやすくなります。

たとえば、ソーシャルレンディングのプラットフォームが約5％程度のリターンで投資家を募ります。すると、銀行に預金した場合の金利よりも100倍程度高いため、投資家が集まりやすくなります。もちろん、リスクはありますので、内容を吟味する必要はありますし、銀行預金と違い、元本の保証はありません。

ソーシャルレンディングは、日本では、maneoの他にも、クラウドリース、ガイアファンディング、グリーンインフラレンディングなどのサービスがあります。それぞれ、短期的なリーシング、海外不動産、太陽光発電投資などに強みがあります。

シェアリングエコノミーは、使われていない資産をネットを通して活用することですので、使われていない資金に関してもあてはまります。ソーシャルレンディングに余裕資金を投入することで、事業者が投資家の生きた資金を活用できます。

まとめ

第6講では、はじめに、拡大を続けるBtoCのEC市場の内訳と、Amazon Prime Nowの事例を紹介しました。

そして、リアル店舗がスマートフォンを絡めてショッピング体験を強化している事例としてIKEAを取り上げました。

さらに後半では、シェアリングエコノミーの事例としてakippaやメルカリ、maneoなどのサービスをみながら、現在進行しているシェアリングエコノミーのインパクトについて学びました。

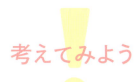

考えてみよう

1 あなたが知っているシェアリングエコノミーのサービスについて、事例とともに説明してみましょう。

解答例　「ジモティー」

ジモティーは、地域の無料の掲示板アプリです。たとえば、不要なものがある時に、写真情報とともにアップします。無料でも有料でも自由に価格を決められます。それを必要とする人がいたら、マッチングできます。無料のものは、自分では使わないけれど、誰かは使えると判断するだろう、捨てるくらいなら誰かにもらってほしい程度のモノが散見されます。

とはいえ、サービス手数料や利用料が一切かからない無料である点は、めずらしいサービスといえます。

ジモティーのようなシェアリングサービスがなければ、捨てているものがあるので、モノの有効活用という意味では有意義なサービスです。

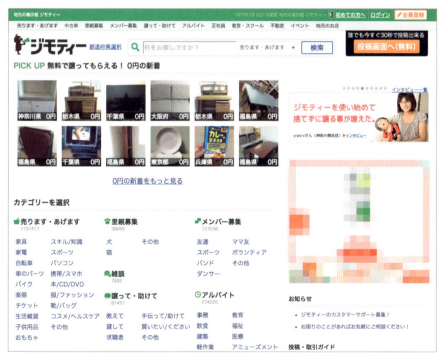

図6-15：ジモティー

第6講　EC市場の進展、リアルの展開とシェアリングエコノミー

ちょっと深堀り

今回は、シェアリングエコノミーが印象的でした。これまで利用されにくかった自宅の駐車スペースを貸すことができるなんて思ってもみませんでした。私の家でもできるかもしれません。

シェアリングエコノミーは、インターネットを介して、既存の場所やモノや資金や労働力をシェアするしくみだったね。akippaに限らず、これから続々と増えてきそうだね。

これからどんなシェアリングエコノミーの新しいサービスができるのでしょうか？

それは、誰にもわからないけれど、過去をみるとある程度の予想がたてられるよ。

といいますと、どんなことでしょうか？

たとえば、インターネットにアクセスするのに、パソコンがメインだった時代のシェアリングエコノミーといえば、「ヤフオク！」があったね。それが、スマートフォンがメインの時代になったら、スマホの小さな画面でスムーズにできることが求められる。そんな時に「メルカリ」がスマホでのUI・UXを徹底的に使いやすくして市場を作ったね。

確かにそうですね。新しいテクノロジーが普及すると、その後にそのテクノロジーにふさわしいプラットフォームができるのですね。

これと同様に、過去からずっとある底堅いニーズを、インターネットにのせたり、スマートフォン向けのサービスにすると、やはりうまく行きやすいということはわかるね。

そうですね。少し前の歴史をみて、昔からずっとある不変のニーズと最新のテクノロジーを組み合わせるという観点ですね。

そこで、たとえば、イギリスでは、フラットシェアという言葉があるんだけど。フラットはアパートのことで、アパートをシェアするという意味の言葉なんだ。日本ではルームシェアというね。ロンドンあたりだと、そもそも1人用のアパートが極端に少ないので、3LDKとか4LDKのフラットを数人でシェアするのが一般的なんだよ。さらに、週ごとにレンタルする方式が多いので、フラットを探す人と貸す人のマッチングが盛んなんだ。そこで、そういう情報は、2000年くらいには、日本食材店の掲示板での貼り紙や、一部のネットの掲示板にあるくらいだったんだ。今ではネット上にマッチングサービスはたくさんあるかもしれないけど、スマートフォン向けに最適化されていたら利用する人は多いだろうね。

なるほど、わかりました。そのフラットシェアのマッチングを、スマートフォンのアプリとして圧倒的に使いやすくして提供したら、すでに底堅い市場があるので、既存のサービスから乗り換えが起こるということですね。

そうそう。だんだん推測ができるようになってきたね。場所のシェアリングエコノミーだね。もし、英語版がすでにあるなら、日本語版や各国語版のサービスを狙うなどしてもニッチな市場はあるね。
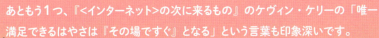

あともう1つ、『<インターネット>の次に来るもの』のケヴィン・ケリーの「唯一満足できるはやさは『その場ですぐ』となる」という言葉も印象深いです。

そうだね、Amazon Prime Nowでは、1時間以内だけど、その先は、本当に「その場ですぐ」ということになるかもしれないね。

どういうことですか？

3Dプリンタがキーテクノロジーだね。第12講で話すよ。

第6講 EC市場の進展、リアルの展開とシェアリングエコノミー

復習クイズ

1 シェアリングエコノミーとは何でしょうか?

2 クラウドソーシングについて説明してください。

3 クラウドファンディングについて説明してください。

4 ソーシャルレンディングについて説明してください。

答え

1. シェアリングエコノミーとは、使われていない資産をインターネットを通して活用することです。

2. クラウドソーシングとは、仕事を依頼したい依頼主と仕事を受けたい受託者を結ぶプラットフォームです。

3. クラウドファンディングとは、資金が必要とされるプロジェクトに対して、その内容に共感した人が、通常インターネットを介して主に資金面で支援することです。

4. ソーシャルレンディングは、投資する資金がある人と、融資を受けたい事業者をWeb上で結びつける仲介サービスです。投資型クラウドファンディングといわれることもあります。

> Googleの使命は、世界中の情報を整理し、世界中の人々がアクセスできて使えるようにすることです。

出典：Googleのコーポレイトサイトより
https://www.google.com/intl/ja_jp/about/company

第7講

SEOの歴史とコンテンツマーケティング、Webメディアと倫理

SEOの歴史を通してコンテンツマーケティングを理解しましょう

はじめに

この講では、コンテンツマーケティングについて学んでいきます。そのためにSEOと、コンテンツSEOについて理解を深めていきます。背景も含めてよくわかるように、本講ではSEOの歴史を紐解いていきます。すると、これからのSEOについて、オリジナルのコンテンツの重要性がわかるようになります。その上で、コンテンツマーケティングと、その事例についても紹介します。

7.1 コンテンツマーケティングについて

コンテンツマーケティングとは、有益なコンテンツを制作してWebに公開することです。その結果、見込み客をWebサイトへアクセスさせて、顧客化していくマーケティング手法です。顧客に収益につながる行動を促します。

SEOについては前著『Webマーケティング集中講義』で施策を扱いました。

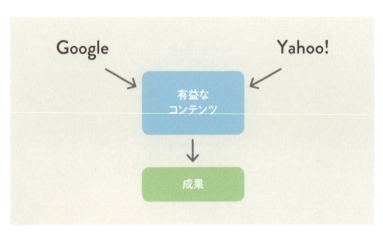

図7-1：コンテンツマーケティング

GoogleやYahoo!で検索上位に表示されることで、Webサイトへアクセスしてもらえます。そして、成果に結びつけるということです（図7-1）。

成果は、Webサイトによってさまざまです。BtoCの企業で物販をしているのであれば購入になりますし、BtoBの企業の場合には、問い合わせがおもな成果になります。

究極的には、アクセス者にとって有益なWebコンテンツを用意していれば、Googleは、そのWebページを上位に表示してくれます。その結果、Webサイトの運営会社は、収益を上げることができます。

しかし、オリジナルの良質なコンテンツを提示するだけでなく、同時に最低限、Googleの検索エンジンに対して何について書かれているコンテンツなのかを知らせる文法（SEO）を施す必要があります。そうでないと、いくら有益な情報であってもGoogleやYahoo!の検索エンジンでは上位に表示されません。

逆にインターネットの黎明期には、コンテンツが多少弱くても、小手先のSEO対策が施されたWebサイトの方が上位に表示されるということがありました。

良質なコンテンツを公開している企業であればあるほどSEOについて正しい知識を身につけることが重要です。次にSEOの要点を紹介しましょう。

7·2　SEOの要点

SEOについての重要なポイントは下記の4つです。

- SEOとは、検索結果の上位に表示されることを目的とした対策
- 現在のSEOは、Google検索エンジン対策
- Googleは、不正な手段で上位表示をめざすWebサイトを上位表示させない
- ユーザーが求めている情報にマッチしたWebサイトが評価され検索結果上位に表示される

■SEOとは？

SEO（Search Engine Optimization）は、狙ったキーワードでGoogleやYahoo!の検索結果で上位に表示されることです。Webサイトへのアクセス数を増やすことを目的として行います。

■ SEOの基本

SEOの基本は、Googleが公開しています。「検索エンジン最適化スターターガイド」で、誰もが参照できます（図7-2）。

SEOがうまくいくカギは、検索する人の問いに対して、回答を提示するWebサイトを作ることです。

またそれをGoogleに確実に認識させることが重要です。

Googleの「検索エンジン最適化スターターガイド」に記載されている内容も、下記のような基本的なことです。

● 適切なページタイトルをつける
● メタタグを設定する
● サイト構造・ナビゲーションをわかりやすくする
● 質の高いコンテンツを提供する

SEO対策をする人は、必ず「検索エンジン最適化スターターガイド」に目を通すようにしましょう。

■ Googleへのサイト登録

WebサイトをGoogleに登録申請しておくことで、新しいWebサイトでもGoogleに認識してもらうことができます。

図7-3のURLから簡単に登録申請は可能です。

図7-3：Googleへの登録申請
https://www.google.com/webmasters/tools/submit-url

申請したからといって、登録が保証されているものではありませんが、申請することでよりはやくインデックスされます。

図7-2：検索エンジン最適化スターターガイド
http://static.googleusercontent.com/media/www.Google.com/ja//intl/ja/webmasters/docs/search-engine-optimization-starter-guide-ja.pdf

クオリティの高いコンテンツをどのような観点でつくり掲載するかについて、本講の後半で内田精研有限会社の事例を紹介します。

7.3　SEOの歴史

ここからSEOの歴史を見ていきます。Googleの上位表示アルゴリズムがどのように変わってきたのかを知ると、Googleの考え方がわかるため、SEOについて深く理解できるようになります。そして、結果的にSEOが容易になります。

■ ディレクトリ型検索エンジンからロボット型検索エンジンへ

検索サービスははじめ、Yahoo!が担ってきました。1990年代半ばから後半までの時期は、検索エンジンと言えば圧倒的にYahoo!でした。はじめのうちYahoo!はディレクトリ型の検索エンジンでした。

その後、Googleが1998年に創業し、検索サービスを席巻するようになります。

Yahoo!とGoogleの違いとは何だったのでしょうか？

初期のYahoo!とGoogleでは検索エンジンの形式が大きく異なります。「ディレクトリ型検索エンジン」と「ロボット型検索エンジン」の2つです。それぞれの違いを見ていきましょう。

■ ディレクトリ型検索エンジン

ディレクトリ型とは、階層構造のことです（図7-4）。飲食店を思い浮かべると、わかりやすいでしょう。「店長」の下に「調理場責任者」と「ホール責任者」がいて、その下にそれぞれアルバイトが担当としているような構造です。

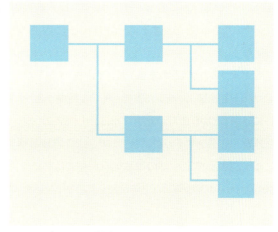

図7-4：ディレクトリ型検索エンジンの階層構造

■ ディレクトリ型検索エンジンのYahoo!と登録の目的

図7-5：1996年のYahoo! Japan

昔のWebサイトを調べたい時には、「Internet Archive」というサービスで確認できます。
Internet Archiveのツールの使い方については第11講でも紹介します。

Yahoo!の検索エンジンは1996年よりサービスを提供しており、ディレクトリ型を採用していました。図7-5のようにきれいにカテゴリ分けされています。

WebサイトはYahoo!に登録されてはじめて検索結果の上位に表示されました。そのため、SEOをする上で、Yahoo!にWebサイトが登録されることは重要でした。

今では考えづらいかもしれませんが、Yahoo!では1990年代、人が手動でWebサイトを検索エンジンに登録していた時期がありました。Yahoo!には「サーファー」という仕事があり、Yahoo!の検索エンジンに対してWebサイトを分類・登録をするのが職務でした。この方法は商業インターネットがはじまった1990年代中期の牧歌的な時期には有効な方法でした。やはり、人の目で1サイトずつ確認できるに越したことはないからです。

■ ■ ■

Yahoo!へWebサイトが登録されると、検索エンジンで上位に表示されやすくなることから、Yahoo!への登録依頼は増えていきました。Yahoo!へのWebサイト登録は、はじめのうち無料でしたが、その後ビジネス目的での登録は有料となりました。

「サーファー」という名前は、当時Webサイトを閲覧することを「ネットサーフィン」と呼んでいたのが由来です。

その後、Webサイトが劇的に増えてくるようになると、人の手だけで管理をするのがいよいよ難しくなっていきます。

そこで、Googleではロボットに判定させるという手法で、Webサイトの序列をつけるアルゴリズムを開発しました。

■ ロボット型検索エンジンとは

ロボット型検索エンジンとは、クローラと呼ばれるロボットがWebサイトを巡回して、ソースコードから情報を読み取り、検索エンジンに登録していく方法です。検索エンジンに登録されることをインデックスされるともいいます。検索エンジンのデータベースに処理しやすいように格納されることです。

■ Googleのロボット型検索エンジンの特徴

人の目で1サイトごとWebサイトを判断するのと比べて、ロボットがWebサイトを判断するのは、検索結果を返す精度が低いのではないかと思う人もいるかもしれません。

しかし、Googleのロボット型検索エンジンは、人が登録するのと比べても遜色がないばかりか、ユーザーの検索行動に対して、その答えにふさわしい結果を提示する精度が後述する2つの理由で高いことが特徴的でした。そのため、Yahoo!よりも後発ではありましたが、Googleを利用するユーザーが増えていきます。

Googleはどのように、ユーザーの検索意図にマッチした検索結果を返していたのかを解説します。Googleの検索エンジンにおいて、ユーザーの検索キーワードの答えとなるWebページを提示するために重要な点が2つあります。

「ページランク」と「被リンクの数と質」です。

ページランクとは

ページランク（PageRank）とは、Googleの検索エンジンがWebサイトの影響度をはかる1つの指標です。

世の中には多種多様なWebサイトが存在します。立ち上げてからの期間が長く、影響力のあるWebサイトもあれば、立ち上げたばかりでページ数が少なく、内容の薄いWebサイトもあります。そこで、Googleでは、ページランクという独自の判定法により、Webサイトを10段階にランク付けしました。

たとえば、Yahoo! Japanのような影響力のあるポータルサイトや、ハーバード大学や東京大学などの権威のある教育機関のサイトはページランクが高く評価されていました。

また、ページランクの高いWebサイトからリンクされる（被リンク）Webサイトは、同様にページランクは高いというランク付けになりました。なぜ、良質なリンクをもらっているWebサイトは良いサイトといえるのでしょうか？

被リンクの数と質とは
被リンクとは、他のWebサイトからリンクされていることを指します。Googleの場合、この被リンクの質と数がWebサイトの影響度をはかるもう一つの指標となっています。

たとえば、大学教授などの教員や大学院生が所属する学会において、良い学術論文とは、多くの論文に影響を与えている論文のことです。多くの論文に影響を与えている論文とは、多くの論文内で引用されている論文です。このことに着目したGoogleは、多数引用されている（リンクが張られている）Webサイトは、クオリティが高いというロジックを採用しました。その結果、GoogleがWebサイトの優劣を決める指標の1つに「リンクがより多く集まっているWebサイトは、より重要である」という考え方が生まれました。

■ ロボット型を欺くSEOの登場と撲滅の取組み
Googleの検索エンジン最適化スターターガイドに沿った対策をしていくのが、正しいSEO（ホワイトハットSEO）です。それに対して、検索のロジックやSEOの知識を悪用して、検索エンジンの上位に表示させようとする手法は、不正なSEO（ブラックハットSEO）とよばれます。

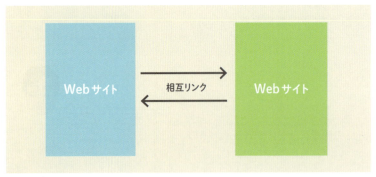

図7-6：相互リンク

ページランクが高く、被リンク数の多いWebサイトが、SEO上有利というアルゴリズムが広く知れ渡ることで、リンクをされることに執心するWebサイト運営者が増えました。はじめは、お互いのWebサイト同士でリンクを

張りあう「相互リンク」が主流でした（図7-6）。同じカテゴリのサイト同士を相互リンクすること自体は、ブラックハットSEOではありません。
そこから飛躍して、お金を払ってでもリンクをもらって、検索結果において上位に表示されたい企業と、被リンク数をお金で売る業者の共謀関係ができてきました。

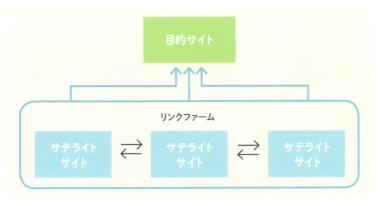

図7-7：リンクファームによるブラックハットSEO

この状態は、牧場（ファーム）に大量の牛や豚がいるように、リンクが数千から数万もの大量にあることからリンクファームと呼ばれていました。これは人の手で生成するのは難しいレベルです。
悪質なSEO業者（ブラックハットSEO業者）は、リンクファームをプログラムで自動生成するなどしてつくります。同様に、サテライトサイトと呼ばれるサイト群があります。サテライトサイトは、衛星（サテライト）のように、メインのWebサイトを上位に表示させるために作られたサイトのことです。こういったリンクファームやサテライトサイトから、検索結果において上位表示したいWebサイトへリンクを送ります。これにより、悪質なSEO業者は、Googleを欺き検索結果の上位に表示させることに成功しました（図7-7）。

もちろん、このような状況をGoogleは、看過できません。なぜなら、本講の冒頭の言葉で紹介したように、「Googleの使命は、世界中の情報を整理し、世界中の人々がアクセスできて使えるようにすることです」。
不正な手段を用いて対策されたWebサイトを上位にしてしまっては、Googleは閲覧者に最適な検索結果を表示できないからです。
現在Googleは、リンクファームを用いてのブラックハットSEOを見破ることができます。したがって、これからブラックハットSEOを仕込もうとしても成功するのは難しくなっています。

■ Googleによるブラックハット撲滅対策

Googleは不正なSEOを撲滅するために、検索のアルゴリズムをアップデートしています。検索キーワードに対して、Googleが意図していないWebサイトが上位に表示されないようにするものです。

アップデートが実施されると、ブラックハットSEOで上位に不正表示されていたWebサイトの検索順位が落ちます。一気に100位圏外に突き落とされることもあります。

「パンダアップデート」や「ペンギンアップデート」という言葉を聞いたことがある人もいるかもしれません。大きなアップデートには名前が付けられています。どのようなアップデートが過去にあったのかを見ていきます。

ペンギンアップデートとは?

ペンギンアップデートは、Googleによる大規模なアップデートの1つです。外部リンクを精査するものでした。これにより、悪質なSEO業者から被リンクを買ったWebサイトは、検索順位を落としました。2012年からはじまり、断続的に行われています。このアップデートにおいてGoogleが対策した事項は大きく2点あります。

不正な被リンク

アップデートの背景には、前述したように、2012年あたりまでは悪質なSEO業者から購入したリンクでも上位に表示されることがありました。そのため悪質なSEO業者が増えて、検索結果の不正上位を狙うスパム行為が増えてきました。そこで、Googleは、業者から被リンクを買ったような不自然な対策をとったサイトに対してペナルティを科しました。

ワードサラダとは?

ワードサラダとは、コンピュータによって自動生成されたキーワードが入っているため、意味の通らない文章のことです。ペンギンアップデートが行われる前には、人間が書いたとは思えないような、意味が通らない支離滅裂なWebページが多数存在していました。

たとえば、「SEOをGoogleよ一連ねマッチな相互いコンテンツ常識にプロフェッショナルです。」のように関連するキーワード(単語)と助詞(てにをは)を機械的につないでいて、人間が読むと、あきらかにおかしいことは分かります。こういったWebサイトは、リンクファームの1コンテンツとしては

有効でした。そして、当時のGoogleの目を騙すことができましたが、パンダアップデートが実装されると、検索結果に表示されることが激減していきました。

パンダアップデートとは？
パンダアップデートとは、ワードサラダで書かれたページをはじめ、そこまで悪質でなくても、他のページをコピーしたようなオリジナリティの低い情報や、低品質な情報のWebサイトを奈落の底に突き落としたアップデートです。パンダアップデートも2012年から断続的に行われています。

たとえば、Wikipediaの情報をそのままコピーしたようなページは、Googleは品質が低いとみなしています。ほかにも、Amazonのアフィリエイトを目的とした、Amazonに掲載されている、あらすじやレビューをコピーしただけのサイトも対象になりました。

検索する人が知りたいのは、検索キーワードに対する答えです。薄っぺらい情報を上位に表示していたら、検索者は、Googleを利用しなくなるでしょう。それだけ、Googleは検索結果の品質を保ちたいのです。

7・4　コンテンツSEOの要諦

コンテンツSEOとは、オリジナルで質の高いコンテンツを継続的にアップロードしていくことで、検索エンジンで上位に表示されて、自然にアクセス数を増やす施策のことです（図7-8）。

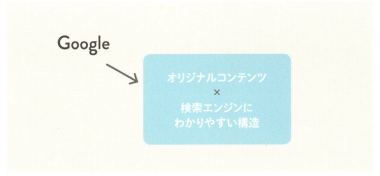

図7-8：コンテンツSEO

良質なコンテンツとは何でしょうか？

それは、オリジナルでわかりやすいコンテンツのことです。

■ ■ ■

たとえば、医療情報について、医師がブログや医療機関の Web サイトなどで提供するオリジナルなコンテンツはあります。医師という専門家が執筆しているため、医療に対する知見や、実際の治療経験をベースとしているので、信頼性は高いといえます。

しかし、オリジナルなコンテンツだからといって、専門用語を知っていることを前提とするような書き方の場合、一般の人は、それを読んでもわかりにくく感じることはあります。

そこで、オリジナルコンテンツを一般の人にもわかりやすくまとめるサイトが出てきました。「まとめサイト」または「キュレーションサイト」という呼ばれ方をします。

キュレーションサイトも、上述の医療情報のような難しい専門的な内容をわかりやすく伝えてくれるのであれば、閲覧者にとってわかりやすいため歓迎されます。

そのようにして、まとめサイト、キュレーションサイトは、Web 上に増えていきました。キュレーションサイトにもさまざまあります。

まとめる時に、真偽のはっきりしないことや、単なる情報の寄せ集めのようにまとめてしまったキュレーションサイトの場合には、最終的に閲覧者が不利益を被ることが起こりえます。

このような状況から、2017 年 2 月に、Google は下記のようなさらなる改善をアナウンスしました。

もともと美術館の学芸員のことをキュレーターと呼び、展示会の企画から作品の配置といった全体のまとめを管理することをキュレーションといいます。そこから派生して、まとめサイトのことをキュレーションサイトと呼ぶようになりました。

「ユーザーに有用で信頼できる情報を提供することよりも、検索結果のより上位に自ページを表示させることに主眼を置く、品質の低いサイトの順位が下がります。その結果、オリジナルで有用なコンテンツを持つ高品質なサイトが、より上位に表示されるようになります。」

引用元：Google ウェブマスター向け公式ブログより
https://webmaster-ja.googleblog.com/2017/02/for-better-japanese-search-quality.html

ここで強調されているように、検索結果の順位にこだわった対策をするWeb コンテンツではなく、オリジナルで有用なコンテンツを作ることを念頭

に置きましょう。Googleのさらなる進化により、正当なSEOしか残れないようになりました。

■ **コンテンツSEOとコンテンツマーケティング**

コンテンツSEOは、オリジナルのコンテンツを充実させることで検索エンジンで上位に表示されて、その結果として、Webサイトへのアクセス数が増えることです。

それに対してコンテンツマーケティングは、その先があります。コンテンツの充実によって集めたサイトへの流入からさらに、問い合わせなどの反応を得ることです。コンテンツを軸として、企業の収益に結びつくマーケティング活動のことです。

■ **コンテンツマーケティングと具体例**

あなたやあなたの友人で次のようなことを経験されている人はいないでしょうか。

● 好きな海外旅行の話をしていたら1時間もたっていた。
● 大好きなアーティストについて話していたら、止まらなくなってしまい、つい長話になってしまった。

自分が好きなモノやことについて話しだしたら時間が経ってしまったということなのですが、これは、話をするときだけでなく、Webページでも起こり得ることです。

本講のはじめでも紹介したようにコンテンツマーケティングとは、有益なコンテンツを制作してWebに公開することです。その結果、見込み客をWebサイトへアクセスさせて、顧客化していくマーケティング手法です。単に購入に結びつく反応だけでなく、採用に対する反応があったり、取材などのパブリシティの問い合わせが増えることもあります。

■ ■ ■

Webでの取り組みが、結果的にコンテンツマーケティングになった企業があります。

内田精研有限会社という切削加工に強みを持つ製造業があります。Webに経営者の仕事に対する想いを掲載することになりました。内容は、企業の成り立ちから現在の状況そして、将来の展望に関するものでした。

図7-9：内田精研の「宇宙品質」ページ（http://uchida-seiken.com/space.html）

社員数がたった5名の時に「宇宙産業に参入」するという目標を掲げ、挑戦し、現在は、ロケット部品を手がけ、実際に種子島の宇宙センターから飛び立つロケットに搭載されています。

経営者が文章を書いているうちに、3,000字程度になりました。その文章はWebサイトに掲載されました（図7-9）。

すると、多方面から反響がありました。経営者自らが書いた文章なので、その文章を読むと、静かな、しかし、ふつふつとした想いが伝わってきます。

・ ・ ・

SEOでは、Webサイトへ見込み客を連れてくることが重要ですが、その先には最終的な目的である、コンバージョンがあります。この3,000字の経営者の想いがつまったページは、取引先企業や見込み客が読んでいます。すると、この企業に共感する人があらわれて、取引先や見込み客だけでなく、入社希望者も出てくるようになりました。また、テレビ番組でも取り上げられるまでになりました。

取材をするメディア側も、掲載された文章を読んで、取材の準備ができます。必要に応じて追加の取材が効率的にできます。

取材を受ける企業側も、取材時にWebに書いてあることは話す必要がなくなります。お互いに良い結果となります。

コンテンツマーケティングやコンテンツSEOも、ただ単に文字数が多いだけでは意味がありません。重要なのはあくまでオリジナルコンテンツです。

■ 長さではなくオリジナルコンテンツ

コンテンツマーケティングにとっての文章の長さについてですが、最初から長さありきではない、ということは知っておいてください。

たとえば、ダイエットについて深く悩んでいる人がいれば、自分の深刻な悩みを解消するために長文を読む人も少なくないでしょう。一方で、「ハワイの本日の気温」と検索して、ユーザーが欲しい結果は、「26度」といったシンプルな結果です。「ハワイの本日の気温は、」から始まる3,000字もある情報ページではないはずです。

したがって、コンテンツが重要という時に、どんなものでも長文にすれば良いということではありません。検索ユーザーの求める答えがあるということを念頭に置いてください。

第7講

SEOの歴史とコンテンツマーケティング、Webメディアと倫理

まとめ

この講では、SEOの歴史を振り返りながら、コンテンツマーケティングについて理解しました。Googleの検索エンジンは年々精度が上がっており、小手先の対策では上位には表示されなくなっています。何よりも重要なことは、オリジナルのコンテンツを用意することです。そのうえでGoogleが理解しやすい文法（コード）でWebページを構成することを学びました。

考えてみよう

1 自社のWebサイトで、本当はアクセスして欲しい新しいアンケート結果に関するページ（コンテンツページ）があるにもかかわらず、3年前の古いアンケート結果ページの方が検索結果で上位に表示される時があります。この場合に、古いコンテンツページだけでなく、新しいページもみてもらうためにはどのようにしたら良いでしょうか？

解答例 既に評価されている古いコンテンツページは、そもそも検索結果で上位に表示されているページのため、そのページ自体を大幅に増強することはしません。そうではなく、その古いけれど人気のコンテンツのページ下部に、「関連記事はこちら」として、新しく作った関連記事にリンクを張ります。また、人気コンテンツの記事の最後の部分に、「最新のアンケート結果はこちら」というようなリンクを張ります。

もともとキーワードで上位になっているコンテンツでもあり、その記事を最後まで読んだユーザーですので、「最新のアンケート結果はこちら」と書かれていたら、興味を持つ人は少なからず存在します。これらの関連コンテンツを読んでくれるユーザーの確率が高くなります。そうすることで、ユーザーの回遊率を高めてGoogleにしっかりとしたサイトであることを明示するとともに、既存の資産（上位表示キーワード）を活用して、自分たちが読ませたいコンテンツにユーザーを誘導することができます。

図7-10：記事下に「関連記事」を用意

ちょっと深掘り

今回の講義では、検索サービスとしてのGoogleと対策するWebサイト運営側の歴史的な流れが印象に残りました。

Googleなどの検索エンジンに上位に表示されるかどうかは、事業会社であれば、直接的に問い合わせ数という数や売上という数字に関わってくるので、学生が考える以上にシビアだよ。

だから、何とかして上位に表示させるために専門のSEO会社があるのですね。実家が飲食店をしているので、ときどき電話営業がきます。

電話で営業してくるようなSEO会社の中には、ブラックハットSEOの場合があるから注意が必要だね。

そうですね。親にも注意するように言っておきます。
今回は、コンテンツマーケティングの話も興味深かったです。

コンテンツは、より多くという点にフォーカスしがちだけど、深さも重要だという事例だったね。企業の経営者が自ら3,000字も書くこともなかなか簡単にできることではないけれど、実際に会ってみると、人としても魅力的だよ。

私も、経営者の目線が高い魅力的な会社に就職したいです。

そうだね、そういう企業は、経営者が自分で立ち上げたオーナー企業に多いね。まずは、日々接しているWebで探してみるのも悪くないね。

企業研究の一環として探してみたいと思います。

復習クイズ

1 SEOとは何ですか?

2 コンテンツマーケティングとは何ですか?

3 ホワイトハットSEOとはどのようなものですか?

4 ブラックハットSEOとはどのようなものですか?

5 コンテンツSEOとは何ですか?

6 ワードサラダとは何ですか?

答え

1. SEO(Search Engine Optimization)は、狙ったキーワードでGoogleやYahoo!の検索結果で上位に表示されることです。

2. コンテンツマーケティングとは、有益なコンテンツを制作してWebに公開することです。その結果、見込み客をWebサイトへアクセスさせて、顧客化していくマーケティング手法です。

3. ホワイトハットSEOとは、不正なSEO対策ではなく、Googleの検索エンジン最適化スターターガイドに沿ったSEO対策です。

4. ブラックハットSEOとは、検索のロジックやSEOの知識を悪用して、対象となるWebサイトを検索エンジンの上位に表示させようとする手法のことです。

5. コンテンツSEOとは、オリジナルで質の高いコンテンツを継続的にアップロードしていくことで、検索エンジンで上位に表示されて、自然にアクセス数を増やす施策のことです。

6. ワードサラダとは、コンピュータによって自動生成されたキーワードが入っているため、意味の通らない文章のことです。

「私たちは、〈場〉に支配される被支配者です。しかし同時に、私たちは〈場〉を利用しています。（中略）〈場〉に支配されていることを知っていながら、自由を得るための代償として、支配を受け入れているのです。」

出典：『レイヤー化する世界』　佐々木俊尚著　NHK出版

第8講

SNSと動画のマーケティング

プラットフォーム側と利用者側の共存共栄のSNS、ならびに、フリーミアムを切り口として動画マーケティングを理解しましょう

はじめに

第3講で「つながり」の欲求について見てきました。FacebookやTwitter、InstagramといったSNSに親しむユーザーが多いのも、他人とのつながりの欲求があるからです。本講の前半では、つながりの欲求を満たすSNSのデジタルマーケティングについて学んでいきます。SNSのプラットフォーム側と、利用者は共存共栄の関係にあることも見ていきます。

後半では、動画マーケティングをフリーミアムのビジネスモデルという切り口で紹介します。世界的なYouTuberやYouTubeにまつわるエピソードについても取り上げ、動画マーケティングの広がりについて理解を深めていきましょう。

8・1　SNSのデジタルマーケティング

■ 売上0円のInstagramが10億ドルで買収されたSNSの価値とは？

ソーシャル・ネットワーキング・サービス（SNS）とは、人とのつながりをうながし、コミュニケーションがとれるWebサービスのことをいいます。本講義では特にFacebook、Twitter、Instagram、YouTubeを取り上げます。2012年4月にInstagramが、10億ドルでFacebookに買収されました。当時の為替レートで800億円強です。その時のInstagramは13人の会社で売上高は0円でした。Instagramの設立は2010年10月でしたから、創業してからわずか1年半の出来事です。

> Facebook社のInstagram買収について
> http://newsroom.fb.com/news/2012/04/facebook-to-acquire-instagram/

■ ■ ■

なぜたった13人の売上0円の会社に800億円以上の値段がついたのでしょうか？

その答えは、SNSのサービスとしての価値は、その時点の売上高や従業員の人数ではなく、そのWebサービスのユーザー数とアクティブ率と伸び率（将来性）が大きく関係するからです。その理由はマネタイズ（収益を得る仕組み）と結びついています（後述します）。Instagramは、創業して1年半の間にユーザー数が急速に伸び続け、2,700万人まで増えました。

> ユーザー数とは登録者の数です。アクティブ率とは、どの程度の頻度で該当SNSを利用しているかの指標です。1カ月に1回以上アクセスしているユーザーはMAU（monthly active users）といい、1日に1回以上アクセスしているユーザーはDAU（daily active users）といいます。

Instagramの特徴は、スマートフォンで撮影した写真をフィルタリングして投稿できることです。Instagramは写真画像の彩度、明度といった手間のかかる写真加工を排除して、1タップで簡単に写真加工を選べる機能を搭載しました。そのため、自分のスマートフォンで撮った写真を、時間のかかる修正を加えなくても簡単にアップロードして共有できました。使いやすいUX/UIにより、情報感度の高い女性や若年層を中心に人気を集めていきました。

■ 差別化でユーザーを獲得

Webサービスの仕組み自体は、先発サービスをマネしたりすれば、形はつくれます。事実、Facebookが世界を席巻する前のSNSが群雄割拠の時代にはさまざまなSNSがありました。Facebookは決して世界初のSNSではなく、先発のSNSがいくつもありました。

Facebookは、2004年に当時ハーバード大学の学生だったマーク・ザッカーバーグらが設立し、大学生を中心に急速に普及していきました。

一般的なユーザーは、似たSNSを10も20も登録して利用しているわけではありません。さまざまなSNSにログインするのは手間がかかります。

SNSが黎明期から成長期に移行するにしたがって、それぞれの特徴ごとにいくつかのプラットフォームに集約されてきました。

その1つがFacebookです。日々の情報をアップデートして友人と共有するのであれば、Facebookで十分と考えるユーザーが増えました。

SNSの目的は他人とのコミュニケーションを中心としたつながりです。そのつながりがいくつもの似たプラットフォームに分断されている状況は、使いにくいものです。

また、速報や今知りたい情報をつかむのであれば、140字までのTwitterで十分です。

その後、オシャレな写真をアップして共有したい時にはInstagramをというように、いくつかの特徴ごとにSNSは差別化がはかられて、ユーザーを獲得していきました。

第**8**講

SNSと動画のマーケティング

■ SNSのマネタイズの方法

SNSの仕組み自体はマネできるので、それ以上に、差別化をした上で、ユーザー数の獲得が重要になります。利用している人が多ければ（ユーザー数が多くアクティブ率も高ければ）、あとからいくらでも収益化（マネタイズ）が可能だからです。

ユーザーがいて、毎日使うようなサービスであれば、その後に広告を載せれば売上をあげていけるということです。たとえば、ユーザーが目にするフィード上に広告を載せていくといった方法があります。

■ FacebookとInstagram

ここで、FacebookとInstagramの基本情報をおさえておきましょう。

Facebookは、2010年にアメリカで公開された映画『ソーシャルネットワーク』の前後に世界中へ広がりました。日本でもこの頃にブームになり、ユーザー数を増やしていきました。

2016年現在、世界で16.5億人を超えるユーザー数を誇っています。

日本国内でのユーザー数は、2,500万人程度と言われており、日本においても最大級のメディアの一つといえます（図8-1）。

出典：
https://investor.fb.com/investor-news/press-release-details/2016/Facebook-Reports-First-Quarter-2016-Results-and-Announces-Proposal-for-New-Class-of-Stock/default.aspx

出典：
http://jp.techcrunch.com/2016/04/21/facebook-japan/

図8-1：Faebook年代別のユーザー数
データは総務省「平成27年情報通信メディアの利用時間と情報行動に関する調査報告書」より
http://www.soumu.go.jp/iicp/chousakenkyu/data/research/survey/telecom/2016/02_160825mediariyou_houkokusho.pdf

Facebookは、以前は、大学生を中心とした若者が多く利用していましたが、現状では20代〜30代のビジネスマンにおける利用が目立ってきています。2004年のサービス開始から10年以上がたって、ユーザーとともにコアユーザーの平均年齢があがっている傾向が読み取れます。

> グローバルでは、InstagramがTwitterのユーザー数を抜きました。Instagram6億人（2016年12月）、Twitter3億人（2016年6月現在）

これに対して、Instagramは、Facebookよりも若い層を取り込んでおり、Facebookとくらべて写真ビジュアルがメインという点で、SNSとしての方向性が違うため、ユーザーを取り合うカニバリゼーションを起こすことはありませんでした。

Facebookは、Instagramを買収して、ユーザー数を伸ばし育ててから、広告を表示するようになりました。

Instagramは、2016年には、3億人が毎日投稿していると言われています。

> 出典：Instagramのサイトより
> http://blog.instagram.com/post/154506585127/161215-600million

Facebookは、Instagramを育てて、ユーザー数と投稿数が多くなった時点で広告を表示していきます。このようにして買収費用の何倍もの収益をもたらしてくれるのです。

8・2　Facebookと「つながり」について

第3講で取り上げた「つながり」の欲求とは、「相互に安全をもたらす、ほかの人々とのつながりを求める意識的欲求」のことでした。つながりはさまざまなレベルでなされます。会話や経験の共有などです。たとえば、学生時代の旧友と情報交換するためにSNSを利用すればスムーズです。海外に住む友人であっても、SNSにはほぼ国境がないため、瞬時に情報を共有できます。

> Facebookの広告管理画面からInstagramの広告を掲載できます。第9講の広告の講義でも取り上げます。

> 一部の国で特定のSNSが使用しにくい状態にあることはありえます。

「つながり」を深く理解するために、2つの種類に分解してみます。つながりの層（レイヤー）とつながりの濃淡（グラデーション）という切り口です。

■ つながりの層（レイヤー）

レイヤーという言葉は、扉の言葉でも紹介している『レイヤー化する世界』で佐々木俊尚氏が述べた言葉です。

1枚1枚の紙が何枚にも重ねられるように、層の構造になっていることをレイヤーといいます（図8-2）。

> デザイン業界で標準的に使用されるIllustrator、Photoshopというグラフィックデザインソフトや写真編集ソフトではレイヤーを多用します。

ある1人の人を例に取ってレイヤーを考えてみましょう。まず、映画が好きな私という層（レイヤー）があります。しかし、映画が好きな人は世の中に多く存在しますので、この1層だけでは、私を特定できません。

同時にその私は、東京に住む私であり、女性で30代という私であり、海外旅行が好きな私である、というようにいくつものレイヤー（層）を積み重ねていくと、他の誰でもない私になっていきます。

東京に住む私という1つのレイヤーで切り取ってみると、同じレイヤー上には1,300万人以上が該当するということです。

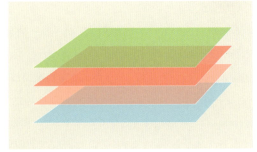

図8-2：レイヤー

■ **レイヤー化する、さまざまなプラットフォームを自由に行き来する**

レイヤー化した世界では、たとえば、映画が好きな人（レイヤー）同士でインターネット上でコミュニティを築くことは難しくありません。SNSのコミュニティに入れば良いからです。

もし、リアルに人口100人の村に住んでいたら、村民が少ないため映画が好きな人はすぐにみつかるかもしれません。ただ、みつかったとしても、同じ映画好きでも、SF映画が好きな私に対して、恋愛映画が好きな人がみつかったとすれば、話は合わないでしょう。

しかし、これが、人口100万人の都市なら、映画が好きな人は、1%だとしても、1万人程度存在することから、自分と似た趣味の人が見つかる可能性が高いです。ただ、実際には100万人の都市に住んでいても人間関係が希薄であれば、1万人程度似た趣味を持った人が近くに住んでいたとしても、同じ趣味の人を見つけるのは難しいでしょう。

それが、SNSという自由なオンラインコミュニティなら、見つけやすくなります。そして、人数が多いだけでなく、オフラインで会った時には、深い話ができる可能性があります。

また、つながりには、レイヤーだけでなく、濃淡があります。

■ **つながりの濃淡（グラデーション）**

リアルな人間関係でも、学校や会社の一員というレベルの比較的淡いつながりがあります。その一方で、親友と呼べるような気の合う仲間や家族という濃いつながりがあります。
SNSでも同様です。浅く繋がる人と、深く繋がる人がいます。
人のつながりのグラデーションといえます。
レイヤーに呼応するように、つながりの深さの濃淡をグラデーションと名付けたいと思います（図8-3）。
Facebookでは、浅くつながる人から深く繋がる人まで、つながるためのツールがあります。グラデーションの濃淡についてFacebookを例にみていきましょう。

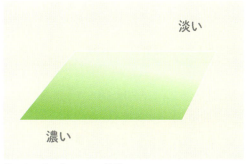

図8-3：グラデーションの濃淡

淡いグラデーション
Facebookで友だちになるくらいですから、リアルでの交友関係があることが多いです。自分のニュースフィードに流れてくる情報を単に見るだけとか、「いいね！」を押すSNS上のやりとりは、淡い関係です。

中間のグラデーション
Facebook上の友人のアップデートにコメントを書き込んだり、Facebookグループや、非公開グループでやりとりする交友関係は、ニュースフィード上の「いいね！」よりも深いやりとりです。

濃いグラデーション
濃いグラデーションとは、Facebookでいうと、1つは「秘密のグループ」でやりとりする仲間です。秘密のグループをつくるのは、一般には公開できないレベルの情報であることが多いです。そういった情報は、信頼関係の深い中でないとなかなか出せません。また、メッセンジャーで1対1でやりとりする関係も、コミュニケーションを前提としているため、濃いグラデーションといえます。

このように、FacebookというSNSだけでも、つながりのグラデーションの濃淡に応じて、対応できる手段が用意されています。

■ SNSとユーザーは共存共栄の関係

SNSのプラットフォームとユーザーは共存共栄の関係にあります。
SNSのプラットフォーム側は、あなたが情報を書き込めば書き込むほど、あなたに配信する広告の精度を高めていきます。
こういうと、SNS側が一方的に立場が強いように思われるかもしれませんが、そうではありません。
一方で、ユーザーは、つながりのレイヤーとグラデーションに応じて（時と場合に応じて）、ふさわしいSNSを選択し利用します。
ユーザーの立場からすれば、SNSは、Facebookだけでなく、TwitterもInstagramもあります。SNSから強制されたわけではないのに、素敵な写真が撮れた時にはInstagramを、リア充を装いたい時にはFacebookを、「バルス」を共有したい時にはTwitterを使います。
ユーザーは、用途に応じて、いくつかのプラットフォームを行き来することになります。SNSのプラットフォームとユーザーは、お互いに依存しているということです。

バルス：映画『天空の城ラピュタ』で出てくるフレーズで、テレビで放映された時には、Twitter上で「バルス」をツイートする人が続出する慣例が日本にあります。

8・3 　TwitterとSNS分析

つづいて、Twitterについてみていきましょう。
Twitterは2006年にジャック・ドーシーがアメリカで設立しました。140字までの文字制限が特徴的であったことから、日本でははじめ「ミニブログ」ともよばれて、広まっていきました。
ブログであれば、ある程度の長さの文章を書くことが期待されていますが、Twitterではもっと短く手頃だったことや、著名人も続々とアカウントを開設した影響もあり、それをフォローするユーザーが増えていきました。Facebookよりも設立は2年後ですが、日本ではTwitterの方が早くブームとなりました。
2016年のアクティブユーザー数は、日本国内で3,500万人と言われています。Facebookでは、20代、30代のユーザーが多いと書きましたが、Twitterは若年層にもよく利用され、また検索ツールとして使われたり、幅

図8-4：トランプ米大統領のTwitterアカウント

広いユーザー層に利用されている傾向にあります。

2017年に第45代アメリカ大統領に就任した、トランプ大統領が日々更新しているSNSもTwitterです（図8-4）。Twitterを活用すれば、マスコミを通さずに、直接、すぐに、ほぼ全世界に情報を発信できます。逆にウォッチする側からすれば、トランプ米大統領に限らず、関心のある人物の動向が気になるのなら、Twitterでフォローすれば確認できます。

たとえば、トランプ大統領のTwitterのツイートについて、一般の人のTwitterやFacebookでの反応を知りたい時に、それを知る方法はあるでしょうか？

それは、Yahoo!リアルタイム検索を活用するとわかります。

■ Yahoo!リアルタイム検索

Yahoo!リアルタイム検索は、Twitterに投稿されたツイート（つぶやき）やFacebookの投稿内容を知ることができるツールです。Yahoo!検索の「リアルタイム検索」で検索できます。通常のGoogleやYahoo!の検索と違って、Webサイトは検索結果の対象としていないため、TwitterとFacebookの反応のみに絞って知りたい時や、今起こっていることを知る時に便利です。

> オバマ元米大統領もTwitterによる情報発信をしていましたから、当選後も有権者に対して情報を出していくことに積極的であることがわかります。

Yahoo!リアルタイム検索で検索できるFacebookの投稿は、「公開」に設定されているものです。また、検索できるTwitterのツイートは、非公開に設定されていない日本語のツイートです。

このようにして、「トランプ」についてのツイートがTwitterとFacebookの分を同時に一覧表示して読めるため、生活者のリアルな今の反応がわかります。また、毎年行われるイベントや年中行事についても直近であれば調べられます（図8-5）。

図8-5：Yahoo!リアルタイム検索：トランプ

2月3日の節分の際に、恵方巻きを食べることが日本社会の習慣になってきました。たとえば、恵方巻きにまつわる人々の反応も調べられます（図8-6）。

その際に、文字情報だけでなく、Twitter・Facebookで共有された「画像・動画」情報も確認できます。

図にあるように、「ベストツイート」は、通常なら海苔で巻物をつくるところ、まぐろで巻いた恵方巻きが載っています。こうしてみると、写真は、ビジュアル重視のInstagramとくらべて、Twitterの写真は、写真の美しさよりも、意外性や驚きといった事実内容に重きが置かれていることもわかります。

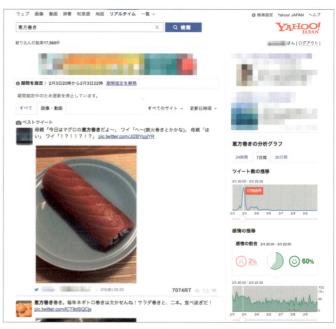

図8-6：Yahoo!リアルタイム検索：恵方巻き

Yahoo!リアルタイム検索は、日々流れていく即時的なことのTwitterと、Facebookユーザーの反応を知るのに便利なツールです。

144

■ **Twitter アナリティクス**

さらに、Twitterは、時事のニュースや他の人の反応を知るだけでなく、自分のアカウントのツイートの状況も解析できます。それがTwitterアナリティクスです。

Twitterは2006年にサービスを開始して以来、8年目にして一般の人々にもツイートの解析機能を公開しました。2014年よりTwitterアナリティクスが提供されています。Twitterアナリティクスは、「ツイートアクティビティ」や「オーディエンス」（後述します）の状況を確認できるツールです。
Twitter広告は2015年からセルフ型で出稿できるようになりました。
このTwitterアナリティクスは、広告を出稿するアカウント運営者が、自分のツイートを分析する時にも有効です。

第9講でTwitter広告の特徴やメリットについても紹介します。

■ **Twitterアナリティクスで何がわかるか？**

自社でツイッターを運用しているのであれば、Twitterアナリティクスは自分のツイートの傾向を知ることができます。
それぞれのツイートについて細かく数字が入って分析されています。

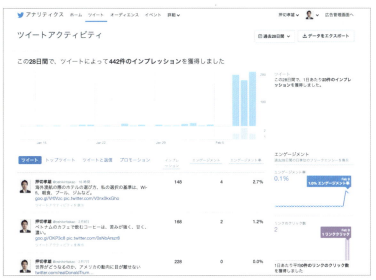

図8-7：Twitterアナリティクス：ツイートアクティビティ

「ツイートアクティビティ」を表示すると、各ツイートの内容と、「インプレッション」「エンゲージメント」「エンゲージメント率」がわかります（図8-7）。インプレッションは、ツイートが他のユーザーに表示された数です。エンゲージメントは、ツイート内のリンクをクリックした数です。「エンゲージメント

「ツイートアクティビティ」はパソコンからもスマートフォンからもどちらからも見られますが、パソコンからの方が、グラフも一覧表示されて見やすいため、おすすめです。

率」とは、エンゲージメントの割合のことで、エンゲージメント/インプレッションで算出できます。

このツイートアクティビティの画面をみていると、どのようなツイートのエンゲージメント率が高いのかが明らかになります。Twitterを運用していて、ツイートの状況が可視化されるわかりやすいツールです。

図8-8：Twitterアナリティクス：オーディエンスインサイト

Twitterアナリティクスで、「オーディエンスインサイト」を表示すると、フォロワーの基本的な属性もわかります（図8-8）。

男女比、言語は何語のユーザーの割合が多いのか、年齢の年代、国、地域もわかります。1人1人のユーザーは、Twitterに登録する時に、このような個人情報は登録しませんから、Twitterがユーザーのツイートの内容に応じて推測したものになります。したがって完全なデータではありませんが、参考にするには問題ありません。自分のフォロワーの属性を知った上でツイートをするのと、知らないのとでは、エンゲージメントの数に違いが出てきます。したがって、オーディエンス（フォロワー）や、ツイートのエンゲージメントがつぶさにわかるTwitterアナリティクスは、Twitterを運用する時に参考になるツールです。

まだ見たことがない人は、一度見てみてください。意外なツイートのインプレッションが多いということに気づくことがあります。

8・4　フリーミアムとしてのYouTube

つづいて、フリーミアムの切り口でYouTubeを見ていきましょう。フリーミアムとは、基本的なサービスは無料で提供します。その後で高機能な製品やプレミアムなサービスを、必要な人に有料サービスとして提供することです。ネットのサービスはフリーミアムが概してフィットすることが多いです。YouTubeも、フリーミアムのビジネスモデルがうまくまわるといえます。その具体例を見ていきましょう。

> YouTube基本情報
> 2005年設立、2006年にGoogleに売却、世界2位のアクセス数（1位はGoogle）

■ 世界一の収入のYouTuberは？

世界一のYouTuberは、北欧スウェーデンのPewDiePie（ピューディパイ）です。チャンネル登録者数は5,300万人以上（2017年2月現在）強で、Forbesの2016年の推計によると年収は1,500万ドル（約17億円）ということです。

内容は、ゲームをしている様子や、さまざま（しばしば下品）なテーマについてPewDiePieが話している様子を動画コンテンツにしたものが中心です。言葉づかいも下品で、親であれば子どもには見せたくない類の動画です。スウェーデン人ながら英語で公開していることは、世界中で多くの視聴者を獲得している1つの要因ではあります。

> 動画はYouTubeの設定で日本語の字幕を表示することもできます。

世界YouTuber年収ランキング

順位	名前	年収
1位	ピューディパイ（PewDiePie）	1,500万ドル（約17億円）
2位	ローマン・アトウッド（Roman Atwood）	800万ドル
3位	リリー・シン（Lilly Singh）	750万ドル
4位	スモッシュ（Smosh）	700万ドル
5位	タイラー・オークリー（Tyler Oakley）	600万ドル
5位	ロザンナ・パニシノ（Rosanna Pansino）	600万ドル
7位	ジャーマン・ガルメンディア（German Garmendia）	550万ドル
7位	マーキプライヤー（Markiplier）	550万ドル
9位	コリーン・バリンジャー（Colleen Ballinger）	500万ドル
9位	レットアンドリンク（Rhett and Link）	500万ドル

出典：Forbesより
http://forbesjapan.com/articles/detail/14474/2/1/1

■ 小学生のなりたい職業ランキング3位にYouTuber

日本でも、小学生のなりたい職業ランキングにYouTuberがランクインしました。

大阪府内の小学校が調査した小学4年生男子の夢ランキング2016年

1位	サッカー選手
2位	医者
3位	ユーチューバー
4位	公務員

出典：http://mainichi.jp/articles/20160322/ddn/013/100/023000c

調査が日本のごく一部を対象にしたものであること、小学4年生という限定された児童であることから、日本全国で調査を行った時に同様の結果が出るかはわかりません。しかし、YouTubeが小学生にとって身近で、海外でだけでなく、日本でも人気があることは、紛れもない事実です。

ベネッセ教育総合研究所が行なった小中高校生へのアンケート「子ども生活実態基本調査」（2009年）でも、中学生男子のなりたい職業で3位に「芸能人」が入りました。YouTubeと限定せずに、メディアで活躍する職業と広げると、将来の仕事としてテレビやYouTubeなどで活躍することを夢見る小中学生は少なくありません。

ベネッセ教育総合研究所「子ども生活実態基本調査」（2009年）http://berd.benesse.jp/berd/center/open/report/kodomoseikatu_data/2009_soku/soku_15.html

■ YouTuberの収益

YouTuberの収益の内訳について気になる人も少なくないでしょう。主に次の3つがあります。

● YouTubeの広告
● スポンサーからの売上（企業タイアップ）
● 他メディアへの進出：出版、イベント、講演、テレビなど

YouTubeの動画広告は最もわかりやすいでしょう。再生の冒頭や、再生中に入る広告です。また、多くの人気YouTuberは、影響力があるため、企業がスポンサー料を支払って商品を紹介してもらうことがあります。これについては後述します。他メディアへの進出は、たとえば、前出のピューディパイ（PewDiePie）も出版をしています。

日本のYouTuberも出版をしている人は多くいます。

「This Book Loves You」（PewDiePie 著）

■ なぜ、企業がYouTuberとタイアップするのか？

なぜ、企業がYouTuberとタイアップをするのでしょうか。それは、ソーシャルメディア時代に従来型の企業広告の効果が効かなくなってきていることがあります。

消費者は広告をスルーし信じなくなってきている一方で、知人の推薦や、知り合いのクチコミを信頼する割合が高いというニールセンの調査結果があります。

下記の項目を信用する人の割合

知人の推薦	80%	
インターネット上の消費者のクチコミ	70%	
新聞の社説・コラム	68%	
テレビ広告	67%	
モバイル広告（スマホ・タブレット広告）	48%	

対象：ミレニアル世代（21歳から34歳）
出典：ニールセン
　　　http://www.nielsen.com/jp/ja/insights/newswire-j/press-
　　　release-chart/nielsen-news-release-20150928.html

モバイル広告よりも、ネット上の消費者のクチコミや知人の推薦を信頼します。新聞の社説やコラムよりも、ネット上のクチコミを信じる割合が多いというのも特筆に値します。お気に入りのYouTuberは、広告とネット上のクチコミの間といえる存在といえます。

■ コラボでの企業側にとってのメリットとは？

YouTuberと企業がコラボレーションして、企業の商品やサービスの動画が公開されることがあります。どのような利点があるでしょうか。
それは次のようなことです。

- 視聴者と関係を築いているYouTuberに紹介してもらうことで、視聴者に届きやすくなる
- 動画再生数で効果測定がわかりやすい
- YouTuberの属性（YouTuberがもっている視聴者ターゲット）に応じて発注できる
- 企業コラボしてもそれを明記する限り、嫌がられにくい
- 視聴者も企業からの提供を受けていることを知っていて見ている

5つ挙げたように、企業側にとっても様々なメリットがあります。この中で説明を要すものとして、4番目の企業コラボが視聴者に嫌がられないためのポイントを次に紹介します。

■ **YouTuberたちが視聴者に受け入れられている背景とは？**
1995年に商業インターネットがはじまってから数十年たちますので、視聴者側のメディア・リテラシーも高まっています。視聴者は、過度な広告を嫌う傾向があります。

さらに、広告なのに広告ではないように見せる方法は嫌われる傾向を通り越して炎上する要因になります。ステルスマーケティング（ステマ）と呼ばれる手法です。

> ステルスマーケティングは、ペニーオークション事件で世間に広まりました。

YouTuberにとっては、動画の下にある「コメント」欄で、視聴者からのフィードバックが直接的にあります。また、高く評価するか、低く評価するかのボタンもあり、動画の評価がひと目でわかります。ここに悪い結果をのぞむYouTuberはいないでしょう。

したがって、YouTuberは、つねに視聴者からの目にさらされています。YouTuberは、企業からスポンサー提供されている場合は、その旨を動画内で明言することがほとんどです。すると、視聴者も安心して見ていられます。

■ **フリーミアムのマーケティングが効くYouTube**

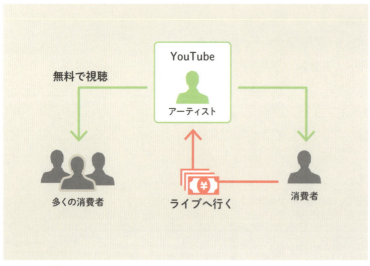

図8-9：YouTubeのフリーミアム

150

YouTuberとしてYouTubeに動画を公開する人はYouTubeの利用者の一部です。多くの人は、YouTubeの視聴者です。たとえば、アーティストのライブ映像を見るとしましょう。YouTubeでライブ映像をみて満足する人もいますが、ライブ映像を見れば見るほど、脳内でそのアーティストのことが強化され、YouTubeを見ていない時にも、頭の中でそのアーティストの曲が流れるようになり、やがてライブに行きたくなるものです。そして、中には実際のライブへ行く人もでてきます。圧倒的多数の人は、ライブには行きませんが、一定の割合の人は、YouTubeをきっかけにしてアーティストの収益に結びついています。YouTube自体は無料ですが、ライブに行くことでプレミアムなサービスを消費することになります。

■ ■ ■

YouTubeにおけるフリーミアムの事例は、枚挙に暇がありません。
ある分野でコンサルティングをしている専門家が、専門情報をYouTubeに動画でアップロードします。10本、100本と公開していきます。すると、結果的に検索エンジンでも検索されやすくなります。動画で言葉とビジュアルで専門情報を提供していきます。すると、動画を見た人の中から、その専門家に対する信頼感が醸成されてきて、サービスを依頼することがあります。これもYouTubeを活用したフリーミアムです。

■ YouTubeシンデレラストーリー

最後に、YouTubeというプラットフォームがなかったら見出されることの無かったエピソードを紹介します。
ジャーニー（Journey）というアメリカのロックバンドがあります。1970年代に結成され、スティーブ・ペリーというリードボーカルを配し、80年代に多くの名曲を残したバンドです。その後、ボーカルのスティーブ・ペリーが脱退し、ボーカルが入れ替わり交代しました。ただ、スティーブ・ペリーの歌声に匹敵するボーカルはなかなかおらず、バンド自体も低迷します。
それが、2007年に、状況が変わります。フィリピン人のアーネル・ピネダがボーカルとして加入してからです。他のメンバーは全てアメリカ人ですから、アメリカの裏側に位置するフィリピン人のボーカルが加入することは、何か不思議な気がします。

加入のきっかけになったのが、YouTubeでした。ジャーニーの最古参メンバーのニール・ショーンがYouTubeでたまたまフィリピン人アーティストのアーネル・ピネダを発見したのがきっかけです。その歌声に魅せられ、加入します。アメリカのバンドが、フィリピン人を起用することになったのは、世界的な動画プラットフォームのYouTubeがあったからでした。

結果、スティーブ・ペリー以来、安定しなかったボーカルに安定感が生まれ、その後10年以上にわたり、Journeyが再興する原動力になりました。

■ ■ ■

YouTubeは、アーネル・ピネダの例でも、多くのYouTuberの例でもわかる通り、埋もれていた才能を発掘するプラットフォームとしても注目に値します。

まとめ

第8講では、SNSと動画のマーケティングについて学びました。
Facebook、Twitter、InstagramといったSNSは「つながり」の欲求を満たします。
つながりは層（レイヤー）と濃淡（グラデーション）で重層的に構成されています。
SNSを分析するツールのYahoo!リアルタイム検索や、Twitterアナリティクスについても学習しました。
さらに、YouTubeを題材として、フリーミアムのマーケティングについても理解を深めました。

考えてみよう

1 あなたが好きなYouTuberを1人取り上げて、なぜ心惹かれるのか、その理由を書いてみましょう。

解答例 私の好きなYouTuberは瀬戸弘司です。瀬戸弘司は、ガジェットを中心に紹介しているYouTuberです。デジタル一眼レフカメラやマイク、イヤホン、VR機器などといった、スペックだけでは一見わかりにくいモノを取り上げて、動画として瀬戸弘司のフィルターを通して紹介しています。動画なので、ガジェットの動きがわかります。ただ、ガジェットを紹介するだけなら、他にも代役がいます。瀬戸弘司の動画に心惹かれる理由は、見ている人を楽	しませようとしている、動画のつくりと、率直な感想と、解説がわかりやすい点です。率直な感想という点では、良い点だけでなく、使い勝手の悪い点、製品の改善点も同時に紹介しているところが好感が持てます。何事もそうですが、1つだけに依存せず、さまざまな意見を取り入れることは重要ですので、この動画だけをみて信用することはありませんが、ガジェットを選ぶ際に大変参考になるYouTuberです。

第8講 SNSと動画のマーケティング

ちょっと深堀り

私は子供の頃からYouTubeを見て育ったので、今回の講義では特にYouTubeが印象的でした。

YouTubeはいつサービスを始めたか知ってる？ 講義内でも出てきたよ。

えーと、子供の頃から見ていたので、もう何十年もあるのではないでしょうか？

2005年にアメリカでサービスを開始して、2006年には日本でも瞬く間に有名になっていったんだ。だから、10年はたっているけれど、何十年もたっているサービスというわけではないんだよ。今では世界中の人が使っているサービスになったけどね。

そうなんですね。世界一の収入のYouTuberがスウェーデン人というのが、興味深かったです。なんとなくアメリカ人だと思っていたので。ただ、英語でコンテンツを作っているのですね。やはり英語というのが世界的に受け入れられるポイントでしょうか？

そうだね、YouTubeができるより30年も前に、1970年代に世界的に人気を博したABBAもスウェーデン人だったね。ただし、楽曲はスウェーデン語ではなく英語だった。グローバルマーケットを視野に入れた場合には、英語での発信は外せない要素だったね。

2016年に流行ったPPAPのYouTube動画も英語でしたね。英語のおかげでトランプ大統領の子供が「pen pineapple apple pen」と真似するほど世界的にも有名になりました。私も英語を勉強しないと…

ただ、2025年以降は、相手に言葉を伝えることだけが目的なら、英語を勉強しなくても良くなるかもしれないね。

どういうことですか?

AIの進化で、自動で同時翻訳をする時代が近づいているからね。詳しくは第12講でも話すよ。

第8講

SNSと動画のマーケティング

復習クイズ

1 Facebookが売上0円のInstagramを10億ドルで買収した理由は何ですか?

2 Twitterアナリティクスで何がわかりますか?

3 Yahoo!リアルタイム検索は、何がわかる検索ツールですか?

4 ツイートアクティビティとは何ですか?

5 講義内で出てきたミレニアル世代へのニールセンの調査によると、「知人の推薦」と「モバイル広告」でどちらの方が信頼感が高いと答える人が多かったですか?

答え

1. Webサービスのユーザー数とアクティブ率と伸び率(将来性)があり、後に広告を載せることで収益を十分に回収できると判断したからです。

2. Twitterアナリティクスで、自分の管理しているアカウントのツイートアクティビティや、オーディエンス(フォロワー)の状況(男女比・年代など)がわかります。

3. Yahoo!リアルタイム検索は、Twitterに投稿されたツイート(つぶやき)やFacebookの投稿内容を知ることができるツールです。

4. ツイートアクティビティとは、Twitterで管理しているアカウントの1ツイートごとのフォロワーの反応(インプレッション、エンゲージメント、エンゲージメント率)がわかる機能です。

5. 「知人の推薦」は8割の人が信頼すると答えました。モバイル広告は48%でした。

「ジョン・アンダートン！ ギネスを一杯どうだい？」

出典：映画『マイノリティ・リポート』で、網膜スキャン後に、個人を特定した上でギネスビールの広告がしゃべりかけてくるシーンより。

第9講

Web広告とアドテクノロジーの進展

Web広告、特にFacebook広告とTwitter広告がどこまで進化したかを理解しましょう

> **はじめに**
>
> 広告を出稿する意味とは何でしょうか。
> 第 2 講で紹介したマーケティングオートメーション（MA）は、見込み顧客の育成（リードナーチャリング）に強みを持つ仕組みでした。見込み客を集める接点（リードジェネレーション）として、広告という方法が一つ考えられます。広告のテクノロジーが日々進化していますので、広告の配信設定をどのようにするかは広告担当者の力量により差が生じます。この講では、特に進化した点にフォーカスして学んでいきます。

9.1　インターネット広告の進化

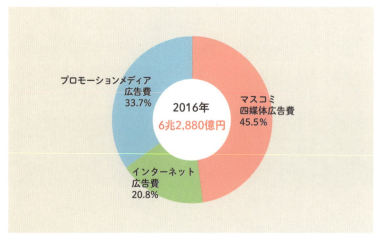

図9-1：日本の広告費の概要
出典：http://dentsu-ho.com/articles/4923

日本の広告費に占めるインターネット広告の割合は2012年に14.7％でしたが、2016年には20.8％と割合が増えました（図9-1）。毎年約10％前後の成長をしているのは、インターネット広告だけです。

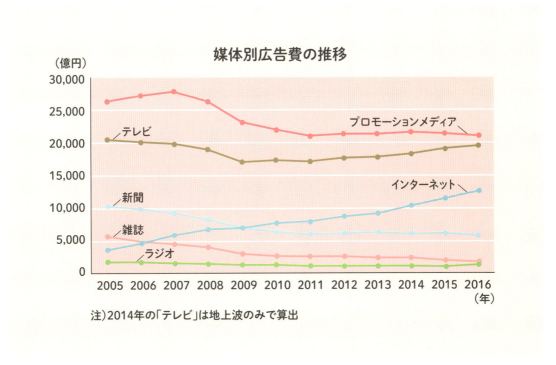

図9-2：マスコミ4媒体とインターネット広告の推移　出典：http://dentsu-ho.com/articles/4923

インターネット広告は、2014年にはじめて1兆円を超えて、2016年も順調に10%伸びて、1兆3千億円を超えました（図9-2）。なぜWeb広告がこのように伸びているのでしょうか？ それは、Web広告と一口に言っても、さまざまな種類があり、広告を配信できるスペースが増えているからです。パソコン主体のWebページだけでなく、スマートフォンのアプリへの広告配信も活況を呈しています。それに伴い、ターゲットを絞り込んで広告を配信するテクノロジーが進化してきています。

前著『Webマーケティング集中講義』では、広告の精度を高めるために、地域を限定して広告を配信したり、男女別に広告を配信したり、趣味などの属性に基づいた広告の配信などを解説しています。

この講では下記を紹介します。

- Facebook広告が進化
    - オーディエンス配信
    - カスタムオーディエンスができるようになった
    - 類似オーディエンスを設定できるようになった
    - InstagramへもFacebook経由で広告を出稿できるようになった

- Twitter広告の進化
  - Twitter広告が直接出稿できるようになった
  - キーワードターゲティング
  - フォロワーターゲティング

それでは順に見ていきましょう。

9・2　Facebook広告

■ Facebook広告の特徴

Facebook広告には下記のように特徴的な3つの配信手法があります。

- オーディエンス配信
- カスタムオーディエンス
- 類似オーディエンス

Facebook広告の特徴は、Facebook上で把握できる各ユーザーの興味関心やソーシャルグラフを元に細かくセグメントを分けて広告を配信できることです。

Facebookは登録時に必要な性別と年齢に始まり、ユーザー自身が日々公開している多くの個人情報を保有しています。たとえば、ユーザーが自発的にアップする今日食べたものの写真や、行った場所、興味のあること、交友関係等です。このような個人的な情報が日々公開されているため、細かなターゲットに分けた配信が可能です。

実際に、会社の社長に対しては、代表取締役向けの広告を表示できたり、「○○大学出身の方限定」というような広告もよく掲載されています。このように、従来のWeb広告以上にピンポイントで広告を配信できます。広告主にとっては、配信したいユーザーを捉えやすくなったと言えます。

これだけでも詳細なターゲティングが可能ですが、Facebook広告はこれだけで終わりません。さらに今回は、カスタムオーディエンスと、類似オーディエンスについて紹介します。

> ソーシャルグラフ（Social Graph）とは、Web上の人間関係の相関やつながりを示す情報のことです。

■ AISAREモデルを広告に当てはめる

第3講でAISAREという消費者の心理モデルを紹介しました。それを広告に当てはめてみましょう。

A	Facebookオーディエンス配信、類似オーディエンス、Twitterフォロワーターゲティング
I	Facebookオーディエンス配信、類似オーディエンス、Twitterフォロワーターゲティング
S	GoogleやYahoo!検索での検索連動型広告（リスティング広告）、Twitterキーワードターゲティング
A	リマーケティング広告
R	Facebookカスタムオーディエンス
E	（広告では該当なし）

AISAREは第3構のP.048で紹介しています。

Facebook広告で分類すると、消費者のAttentionやInterestを高める時には、オーディエンス配信、類似オーディエンスを利用できます。Twitterであればフォロワーターゲティングも有力な広告手法です（この後で紹介します）。

Searchの際に使われるGoogleやYahoo!検索での検索連動型広告（リスティング広告）や、Twitterのキーワードターゲティングがあります。

Actionを誘うためには、リマーケティング広告で1度Webサイトに訪れたユーザーに何度もリマインドすることが有効です。

さらに、顧客に再度購入いただくRepeat向けの広告についてはFacebookではカスタムオーディエンスを設定できるようになりました。

つまり、初めて情報に接する人から、購入した後の既存客の再購入にいたるまで、最適な配信手法で広告を出せるようになったということです。
それぞれについて見ていきましょう。

リマーケティング広告（Yahoo!ではリターゲティング広告）とは、以前にWebサイトを訪問したことのあるユーザーに、再度広告を表示する広告のことです。『Webマーケティング集中講義』でも扱っているため、本書では軽く触れる程度にとどめます。

Facebook広告での特徴的な用語
同じWeb広告でも、広告のプラットフォームによって特徴的な用語が使われることがあります。たとえば、リスティング広告で広告を配信する属性のことを「ターゲット」と言いますが、Facebook広告では広告を見せる相手のことを「オーディエンス」といいます。

また、GoogleAdwordsでは、「広告グループ」と呼んでいる広告の単位はFacebook広告では、「広告セット」といいます。

■ オーディエンス配信

オーディエンス配信は、Facebookの中で最も基本的な配信方法です。配信地域、年齢や性別といったユーザーの属性を選択して広告を配信していきます。Facebookの場合、ユーザー自らが設定したり、日々アップしている投稿内容をベースにしている分、より精度の高い広告配信が可能です。

さらに詳細にターゲットを設定することもできます。「利用者層」、「趣味・関心」、「行動」のカテゴリから選択できます。

カテゴリ	内　容
利用者層	学歴、世代、住宅、ライフイベント、子供がいる人、政治、交際、仕事
趣味・関心	スポーツ・アウトドア、テクノロジー、ビジネス・業界、フィットネス・ウェルネス、レジャー施設、家族と交際関係、買い物・ファッション、趣味・アクティビティ、食品・飲料品
行動	シーズンとイベント、デジタルアクティビティ、モバイル機器ユーザー、旅行、海外駐在者、消費者の分類、記念日、購買行動

オーディエンス配信だけでも、かなり細かいターゲットに対してFacebook広告を見せることが可能ということがわかります。

■ ■ ■

筆者は、実験的に毎日30分、30日間だけ集中して仏像を彫って、仏像が彫られていく様子をFacebookに30日間毎日投稿してみたことがあります（図9-3）。Facebookをはじめてからそれまで、仏像に関する投稿は一切してませんでしたから、ある時期の1ヶ月間だけのできごとです。筆者の「基本データ」にも「仏像」については特に何も書いていません。

すると、投稿を始めてほどなくして、著者のニュースフィードに仏像の広告が流れてきたことがありました（図9-4）。

これは、Facebookが、投稿内容から仏像に関心がある人だと判断して、仏像を扱う企業の広告を配信したということです。

通常、インターネットの広大な海原で、仏像に関心のある人にピンポイントで広告を表示するのは容易なことではありません。しかし、Facebook広告なら、最適なターゲットに広告できます。

ターゲットは移ろいやすく、今、興味関心があることに10年後にも同じように関心があり続けるかどうかは本人にもわかりません。何年も前にユーザーが登録時に書いた基本データのみを広告配信の対象にしているのではなく、ユーザーが自らアップロードしている情報も加味しているからこそ、動く

図9-3：仏像の投稿　　　　図9-4：仏像の広告

ターゲットに対して、適切に広告を配信できます。これが、Facebook広告の強みといえます。

さらに、Facebookによる広告の配信方式はこれにとどまりません。

■ **カスタムオーディエンス**

カスタムオーディエンスは、自社が保有するデータを元に広告を配信するユーザーを設定することができる配信手法です（図9-5）。

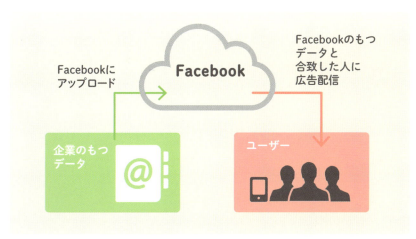

図9-5：カスタムオーディエンスの仕組み

入力できるデータは下記のとおりです。

- メールアドレス
- 電話番号
- アプリユーザー
- FacebookユーザーのID番号

これらのデータをFacebookへアップロードすることで、Facebook上で登録された情報とマッチすれば配信されます。あくまで、Facebookに登録されているデータとのマッチングなので、アップロードされたデータがFacebookに登録されていない場合には配信されません。

リピーターにモノやサービスを販売するコストを1とすると、新規客へ販売するコストが5倍になるという法則があります。1:5の法則といいます。
逆にいえば、初めての人にモノを売る1/5のコストで、リピーターは購入してくれるという目安になる法則です。
テレビCMのようなマス向けの広告枠では、一度に多くの人に広告を見てもらうことはできますが、一度購入したことのある人だけに切り分けて広告をみせることまではできません。
それが、Facebookのカスタムオーディエンスという広告形式なら既存客のみへの広告も可能です（図9-6）。

図9-6：カスタムオーディエンスを活用した既存客への広告

カスタムオーディエンスを活用して、既存客に対して広告を表示できます。既存客ということで、単純に購入してくれる確率が高まるだけではありません。

たとえば、「お得意様限定セール」の案内は、新規客に対してはできませんが、既存客へは可能です。

より具体的には、消費量に応じてリピートして購入するサプリメントや、季節に応じて購入する衣料品のブランドでは、これまでに購入したことのある既存客に対して広告を表示することで、再度ブランドを思い出してもらう効果が見込めます。

広告によってブランドのことを思い出した顧客は、そのブランドが気に入っていて、必要であれば再度購入する可能性があるため、カスタムオーディエンスは有効な広告です。

ただ、既存顧客のメールアドレスを保有しているなら、メールマガジンを送るというのも1つの販売促進方法です。

広告よりもメールマガジンの方が多くの場合コストはかかりません。あえて広告費用をかけて既存の顧客だけに広告を見せる意味とは何でしょうか。それは、チャネルの多様化です。メールマガジンが効く顧客がいる一方で、メールマガジンは解約（オプトアウト）できるので、顧客であってもメールマガジンを取っていなければ、一切効果がありません。そこで、メールでリーチできない既存客に対しても配信できるFacebookのカスタムオーディエンス広告が活きてくるのです。

■ 類似オーディエンス

図9-7：既存客の背後の類似の人たち

類似オーディエンスとは、特定のデータをベースにして、親和性の高い属性や行動をとっているユーザーに対して配信する手法です（図9-7）。特定のデータは、「カスタムオーディエンスで挙げた自分の保有データ」や「タグをWebサイトに貼ることで収集するCookie情報」があります。
Facebook広告に特徴的なこととして類似オーディエンスを設定できるようになったことが挙げられます。類似オーディエンスとは自社の顧客リストと同じような属性の顧客をFacebookがフィルタリングして広告を配信する仕組みです。

・・・

あるネットショップで、実際の商品を購入した人が1万人の訪問中100人いたとします。実際に購入した1%と同じような属性の人がFacebookには多く存在します。Facebook広告の設定で顧客のメールアドレスをアップロードすることで、同じような属性の人に対して広告を配信することができます。たとえば、手首に着けていると自動的に睡眠時間と眠りの深さをトラッキングしてくれるスマートウォッチがあるとしましょう。この製品を購入した人はどのような人でしょうか？

もちろん眠りについて関心のある人たちというのは一番に思い浮かぶかもしれませんが、それだけではありません。購入客をリサーチしてみると、新しいガジェットに敏感なイノベーター層もこのような製品を購入していることがわかります。属性で言うと男性30代独身で都市部に住んでいるエンジニアといった人たちが浮かび上がってきます。

自社が保有している顧客メールアドレスだけでは顧客の属性まではわかりません。メールアドレスをFacebookへアップして、類似オーディエンスを設定すると、あとは、Facebokがそのメールアドレスと同じような属性の人を抽出して、自動的に配信してくれます。

これにより広告の精度を高めることができます。

より正確な広告配信のためには、アップロードするメールアドレスの数は数百件以上が望ましいとされています。

■ InstagramへもFacebook経由で広告を出稿できるようになった

Facebookは、全世界で16.5億人以上が登録するサービスです（2016年7月）。日本でも2,500万人以上が登録しています（2016年9月）。日本でのユーザーの特徴は30代、40代の利用が多く大人向けのサービスといえます。

たとえば、コスメを扱う企業が、20代女性向けに広告配信をする時に、Facebookも悪くはありません。しかし、Facebookは20代女性が圧倒

類似オーディエンスでFacebookにメールアドレスをアップすると、同じような属性の人に広告は配信されるものの、匿名性は保持されるので、誰に広告が配信されたかは広告出稿者には公開されません。

に利用しているサービスというわけではありませんので、効果は限定的です。

20代女性をターゲットにしているならInstagramが最適です。2016年4月の段階で日本国内のユーザー数は1,000万人にまで成長しました。Instagramは、20代、30代の女性が多く利用しているSNSです。Instagramは2012年にFacebookへ買収されていますので、Facebookの広告設定画面から、Instagramの広告も配信ができるようになりました（図9-8）。

図9-8：Instagramの広告

Facebook登録者数の出典：ソーシャルメディアラボ
http://gaiax-socialmedialab.jp/post-30833/

図9-9：Instagramの広告設定画面（Facebook）

図9-9のように18歳から30歳までの女性をターゲットにした場合に、Facebookで1日に表示できるユーザー数は、1,800人から4,900人ですが、Instagramなら2,500人から6,500人と表示されています。つまり、Instagramの方が登録ユーザー数は少ないものの、属性によってはリーチできる人数がFacebookよりも多いことがわかります。

第9講 Web広告とアドテクノロジーの進展

167

ターゲットに応じてFacebookだけにするのか、Instagramも併用するのか
を選べます。
これにより、Facebookからは届きにくかったユーザーにもInstagramを絡
めることでリーチできるようになりました。

9.3 Twitter広告の進化

■ Twitter広告がTwitterから直接出稿できるようになった

Twitter広告も進化してきました。従来はYahoo!プロモーション広告の画面
からか、広告代理店経由でないとTwitterに出稿できなかったのですが、
2015年からは、Twitterにログインして直接広告設定できるようになりまし
た。

■ Twitter広告の種類：プロモツイートとプロモアカウント

Twitter広告とはどのようなものでしょうか？
Twitter広告では、Twitterを利用しているユーザーの
タイムラインに広告を出せます。Twitterを利用してい
る人であればよく目にしているでしょう。自分がフォロ
ーしていないアカウントのツイートがタイムラインに表
示されていることがあるのではないでしょうか（図
9-10）。それがTwitter広告で、プロモツイートといい
ます。通常のツイートと同様に「いいね」やリツイート
などができます。広告だとわかるようにツイートの下
部に「プロモーション」と表示されます。

プロモツイートは、文字だけでなく、写真や動画も掲
載できます。外部の自社サイトなどへ誘導できます。

図9-10：Twitter広告（プロモツイート）

自社サイトだけでなく、アプリのインストールへ誘導することも可能です。
Twitterはスマートフォンからアクセスしているユーザーが多いため、アプリ
の運営企業にとっても利用価値のある広告です。「おすすめアプリ」として
表示され、「インストール」というボタンをタップすると、アプリをダウンロー
ドする画面へと遷移します。こちらも広告とわかるように「プロモーション」
と表示されています（図9-11）。

168

タイムライン上に表示されるプロモツイートとは別に、アカウントのフォロワーを増やすための広告もあります。「おすすめユーザー」として、ユーザーの目に触れるように広告が配信されます。アカウントをプロモーションするという意味合いから、この広告のことを「プロモアカウント」といいます。

つまり、プロモアカウントは、現在フォローしていないアカウントの中で興味を持ちそうなアカウントをユーザーにおすすめする機能です。プロモアカウントは幅広い多様なアカウントを紹介するのに役立ちます。

図9-11：Twitter広告（「おすすめアプリ」）

■ Twitter広告の特徴

Twitterで特徴的なことは、拡散（リツイート）です。広告を出した時にも、その広告がユーザーにリツイートされ、多くのユーザーに伝播する可能性があります。その場合、拡散先のフォロワーたちが広告をみても費用がかかりません。つまり、フォロワーにリツイートされればされるほど、効果が高まることが、Twitter広告の1つの大きな特徴と言えます。

■ 配信ターゲティングの種類

ここまででTwitter広告の種類を見てきましたが、どんな人に対して配信を行うのかはターゲティングによって決められます。主に次のようなターゲティングがあります。

- キーワードターゲティング
- フォロワーターゲティング
- インタレストターゲティング

この講では特に、Twitter広告で特徴的なキーワードターゲティングとフォロワーターゲティングを中心に紹介します。

キーワードターゲティング
キーワードターゲティングとは、ユーザーがTwitterでツイートしたり検索し

たキーワードをもとに配信される広告です。たとえば、「旅行」と設定する
としましょう。すると、「旅行」とツイートしたユーザーや、「旅行」を検索
したユーザー、さらに類似のユーザーに対して広告が配信されます。

ツイート数が少ないスモールワードの場合、配信量が確保できないケース
もありますが、ユーザーの行動をベースにターゲティングができるのでピン
ポイントで細やかな配信ができます。

たとえば、旅行会社が大学生向け卒業旅行の広告を出すケースを考えてみ
ましょう。

キーワードターゲティングでは、下記の2つのポイントを念頭に置くとうまく
いきます。

- 目的意識が明確なユーザー（顕在化したユーザー）が使うキーワード
- ニーズはあるが、それと気付いていない潜在ユーザーが使うキーワード

目的意識が明確なユーザー（顕在化したユーザー）が使うキーワード

顕在化したユーザーが使うキーワードとは、卒業旅行に行くと決めたユー
ザーが、「卒業旅行」という言葉を用いてツイートしているケースです。明ら
かに卒業旅行について意識に上っているため、そのままキーワード設定をし
ます。

ニーズはあるが、それと気付いていない潜在ユーザーが使うキーワード

「卒業旅行」とツイートしている大学生は、すでに卒業旅行を探すという行
動にでていますので、ニーズが顕在化しているといえます。

それに対して、卒業旅行をしたいという顕在化した意識はまだないけれど
も、卒業旅行をしたいという意識は潜在的にはあって、卒業旅行情報を広
告すれば、自分には卒業旅行が必要だということに気づくユーザーもいるで
しょう。

たとえば、「大学4年」や「卒業論文」、「卒論」、「最後の春休み」など
の言葉をツイートする人は、大学生活も終盤に差し掛かっており、卒論が
終わればご褒美としての卒業旅行を企画することも十分に考えられます。
このような潜在的意識のユーザーが使うキーワードも有効です。

■ フォロワーターゲティングができる

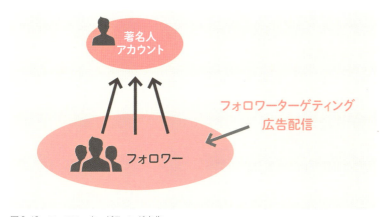

図9-12：フォロワーターゲティング広告

Twitter広告ならではの広告はフォロワーターゲティングといえるでしょう。フォロワーターゲティングとは、ある特定のアカウントのフォロワーに対して配信できる広告です（図9-12）。

日本人のTwitterフォロワーの1位は有吉弘行で630万人以上、2位はきゃりーぱみゅぱみゅで460万人以上（2017年1月）ですが、たとえば、女性向けカジュアルファッションを扱う企業の場合、ターゲットとなる女性たちがフォローしているアカウントを選んで広告を配信できます。この場合、フォロワー数が多いからという理由で1位の有吉弘行ではなく、フォロワーの属性が近い2位のきゃりーぱみゅぱみゅを選んだ方が広告の成果をあげやすくなります。

図9-12では、一例として著名人アカウントとしていますが、Twitterのアカウントは著名人に限りません。ファッション誌やファッション情報サイトや読者モデルのアカウントでも設定可能です。

つまり、競合となるアカウントのフォロワーに向けて広告を配信することも可能です。競合企業がアカウントを持っていたら、そのフォロワーに対して自社の製品をプロモーションすることもできます。

インタレストターゲティング

インタレストターゲティングとは、ユーザーの興味関心に基いて配信できる広告です。ユーザーのツイート内容から25ジャンル360程度の興味関心カテゴリから選べます。たとえば、「書籍・文学」、「映画・テレビ」、「音楽・ラジオ」、「ゲーム」、「自動車」、「ビジネス」などのカテゴリがあります。

Twitter日本　フォロワー総合ランキングの出典：
http://meyou.jp/ranking/follower_allcat

■ その他のTwitter広告の配信について

Twitterでは、属性別に広告配信もできます。具体的には、性別や居住地といった属性データです。Twitterは登録した時に、性別等を登録しないため、属性に関しては、フォローの傾向やリンクの傾向、ツイートの傾向を分析して、推測されたものになります。

さらに、性別でもターゲティングできます。Twitterの登録時にはわかりませんが、Twitterがツイート内容や名前から類推しています。

類推データのため、男性向けの商品を扱っていたとしても、男性だけを絞り込んでしまうと、性別が不明なユーザーに対して配信されなくなります。そこで性別でのおすすめは「男女」です。

まとめ

第9講では、Web広告とアドテクノロジーの進展をテーマに、広告費の概要と、Facebook広告、Twitter広告についてみていきました。

インターネット広告は1.3兆円を超え、全広告費に占める割合も20%を超えました。

Facebook広告に特徴的なオーディエンス配信、カスタムオーディエンス、類似オーディエンスについて解説しました。

さらに、Twitter広告に特徴的なキーワードターゲティング、フォロワーターゲティングについても学びました。

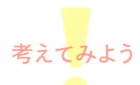

考えてみよう

1 あなたが広告出稿の担当者だったとします。あなたの会社のWebサイトでは酸素カプセルを販売しています（価格180万円）。高額な商品なのではじめてWebサイトに接したユーザーが即購入することはほぼありません。目的は、多くのユーザーにWebサイトに訪問してもらって、メールで問い合わせをもらうことです。この場合、どのように広告を出稿するか計画を書いてみましょう。

広告の効果を高めることを念頭に設計してみましょう。
今回は、Facebook広告とリマーケティング広告を組み合わせて計画してみましょう。

解答例 まず、前提条件として、扱っている酸素カプセルという商品が高額だという特徴があります。

そこで、まず、Facebook広告で、カスタマイズされた属性の人たちへ広告を配信します。

オーディエンスの配信で、1,000万円以上の収入がある人や、「代表取締役」という属性へ配信設定します。

そして、酸素カプセルのWebサイトに誘導します。

そのWebサイトで、問い合わせフォームからお問い合わせいただければ、完了です。

しかし、はじめて訪れたWebサイトで全員が問い合わせフォームに登録するわけではありません。

そこで、GoogleのリマーケティングGoogle広告を設定します。酸素カプセルのWebサイトにGoogleのリマーケティング広告タグを配置しておきます。

すると、ユーザーが他のWebサイトを表示した時にも、Googleの広告が配信されているページに、酸素カプセルの広告が配信されます。

図9-13：Facebook広告とリマーケティング広告の組み合わせ

すると、一度目に酸素カプセルサイトへ訪れた時には、すぐには問い合わせしなかったけれども、後日Googleのリマーケティング広告を経由して、再度訪れて問い合わせする人が出てきます。

このようにして、これまで習った広告を合わせて設定していくと、より成果を上げやすくなります。

ちょっと深堀り

Twitterの特定アカウントのフォロワーに自分の会社の広告を見せることもできるのですね。今回の講義では広告でできることが多くて驚きました。

フォロワーターゲティングのことだね。競合アカウントのフォロワーに広告を見せることもできるね。露骨にやるとフォロワーに敬遠されることもあるだろうから、状況をみながら運用するといいね。自社の製品を好む属性が支持しているアカウントに対して広告を当てるのは理にかなっているね。

講義を受けてから自分のTwitterのタイムラインを確認してみました。今までタイムライン上に広告が挟まるのが、正直に言うと邪魔だと感じることもあったのですが、どんな広告を出しているのだろうという目で、あらためて見てみると新鮮でした。

それで、どんな広告が表示されていた？

ゲームアプリのダウンロードを促す広告が多かったです。ゲーム会社は学生はゲームをやるものだと決めつけているかのように。無料のゲームアプリなので、ついダウンロードしてしまうこともありますが（笑）。

ゲームアプリの広告は、学生だけでなく、社会人にも表示されることが多いね。ゲームアプリ会社は上場しているところも増えていて、予算もあるからね。多くのユーザーの目に触れるように広告をうっているようだね。

そんな事情があるんですね。今後さらに広告がどのように進化していくのかが楽しみです。

進化しているのはWeb広告だけではないよ。街を歩いていても、すでにターミナル駅などではデジタルサイネージが設置されているね。

図9-14：ターミナル駅地下のデジタルサイネージ

数年前に渋谷駅や、新宿駅などの大きな駅の地下通路の柱は、これまでポスターが貼られていたスペースだったのですが、液晶パネルがはめ込まれて、デジタルサイネージに変わってきていますね。

そのデジタルサイネージ自身も、静止画のデジタルサイネージだけでなく、動画のものも増えてきたね。

動画のパターンは目立つものも多く、歩きながら、知らず知らずのうちに見ていることがあります。

これは日本だけのことではなく、世界中で起こっている変化だね。タイのバンコクでも同様に、BTSというモノレールの駅ホームのセキュリティドアにデジタルサイネージがついているのを見たことがあるよ。

先進国だけではない、世界的な現象なんですね。ここからさらに、どのように進化していくのか気になります。Web広告はすでにパーソナライズされてきていますが、こういった街のデジタルサイネージも、パーソナライズされた広告に移行していくのでしょうか。

自動販売機にカメラが付いていて、買いに来た人の性別と年代を推定して、おすすめのドリンクを出すというサービスは、しばらく前からJR東日本ウォータービジネスが首都圏の駅ホームで提供しているね。

復習クイズ

1 Facebookの類似オーディエンスとはどのような配信手法ですか?

2 Facebookのカスタムオーディエンスとはどのような配信手法ですか?

3 Twitterのプロモツイートとは何ですか?

4 Twitterのプロモアカウントとは何ですか?

5 Twitterのフォロワーターゲティングとはどのような配信手法ですか?

6 Twitterのキーワードターゲティングとはどのような配信手法ですか?

答え

1. 類似オーディエンスとは自社の顧客リストと同じような属性の顧客をFacebookがフィルタリングして広告を配信する仕組みです。

2. カスタムオーディエンスとは、自社が保有するデータを元に広告を配信するオーディエンスを設定することができる配信手法です。データは、メールアドレス、電話番号、アプリユーザー、FacebookユーザーのID番号を利用できます。

3. プロモツイートとは、Twitter広告の1種で、幅広いユーザーにメッセージを届けたり、「いいね」やリツイートを受けられるツイートのことです。広告主が有料で配信しているプロモツイートには、「プロモーション」と表示されます。

4. プロモアカウントは、現在フォローしていないアカウントの中で興味を持ちそうなアカウントをユーザーにおすすめする機能です。プロモアカウントは幅広い多様なアカウントを紹介するのに役立ちます。

5. Twitterのフォロワーターゲティングとは、ある特定のアカウントのフォロワーに対して配信できる広告配信手法です。

6. Twitterのキーワードターゲティングとは、ユーザーがTwitterでツイートしたり検索したキーワードをもとに配信される広告配信手法です。

知彼知己者、百戦不殆。
（彼を知り己れを知れば、百戦殆うからず。）
『孫子』

出典：中国古典百言百話4『孫子』村山孚・著
p41 PHP研究所

第10講

動画とWebサイトの分析ツール

デジタルマーケティングで不可欠なWebサイトと動画の解析ツールについて理解を深めましょう

はじめに

第10講では、2つの分析ツールについて学びます。YouTubeの動画を解析するツールのYouTubeアナリティクスと、Webサイトを分析するツールの代表格のGoogleアナリティクス（GA）です。どんな目的の時に、どのような内容がわかり、改善できるのかについて見ていきます。

10・1	YouTubeアナリティクス

■ 動画やWebサイトを何のために分析するのか？

これから紹介するYouTubeアナリティクスも、Googleアナリティクスも分析できる項目は数多くあります。無目的にデータをみていると時間だけが過ぎていきます。そこで重要なのが、何のために分析するのかという視点と目的です。

本書に通底している目的は、デジタルマーケティングで売上を上げることと、コストを下げることの2つです。

これから紹介する2つのツールも、この切り口で見ていきます。

■ YouTubeアナリティクス

YouTubeは動画プラットフォームとして、世界中の多くの国で親しまれています。YouTubeに動画を公開すると、チャンネルが生成されます。そして、チャンネル運営をはじめてしばらくすると、動画が再生されていきます。それらの動画がどのように見られているか、アクセス権限を持つチャンネル運営者なら状況を確認できます。この機能がYouTubeのアナリティクスです。

YouTubeのアナリティクスは、「クリエイターツール」の中の一機能です。クリエイターツールは、動画を公開している人向けに、「ダッシュボード」や「動画の管理」などとともに無償で提供されています（図10-1）。

図10-1:YouTubeの「アナリティクス」

動画の状況を正しく把握し、改善するための厳選8項目

アナリティクスで状況を把握することで改善点が見えてきます。下記の8項目を取り上げて説明します。

- 概要
- 再生場所
- 端末
- 視聴者維持率
- トラフィックソース
- YouTube検索
- ユーザー層
- 国別の再生数

「概要」と「再生場所」は主に、公開した動画の状況を把握するための項目です。それ以下の「端末」から「国別の再生数」までは、状況を把握した上で改善点を見出すための項目です。

それでは、1つ1つ見ていきましょう。

「概要」は再生時間、平均視聴時間、視聴回数に注目

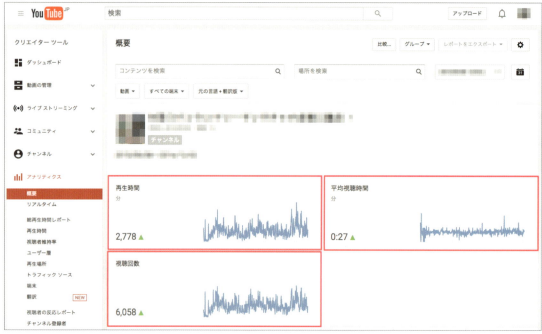

図10-2：概要

　管理している動画チャンネル全体の見られ方を調べる時に、「概要」を表示させます。ここでは、「再生時間」「平均視聴時間」「視聴回数」といった、全体の傾向がわかります（図10-2）。

　「平均視聴時間」をみると、思ったより再生されていないとか、逆に視聴回数は事前の予想よりも多いとか、はじめの気づきはこの画面で得られます。また、解析する期間を、直近の30日間だけでなく、たとえば、1月1日から3月31日までといったように1日単位で細かく指定することも可能です。

YouTube内の再生か、外部サイトでの再生かを知る「再生場所」

　YouTubeに動画を公開した後で、ブログやWebサイトにもその動画を埋め込むことも可能です。YouTubeの動画再生数は、YouTube内の動画と外部サイトに埋め込まれた動画の再生数を両方をあわせた合計数です。動画を運営していると、どちらがどの割合で見られているのか気になるものです。

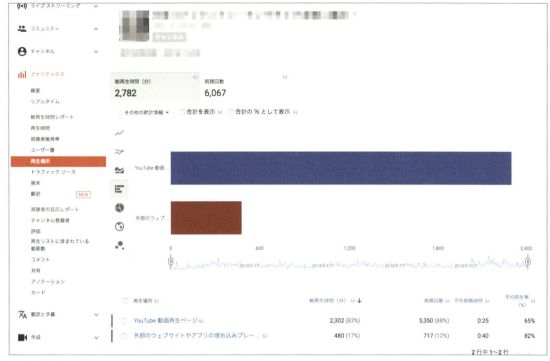

図10-3：再生場所

そのデータは、「再生場所」をみると一目瞭然です（図10-3）。
「YouTube動画再生ページ」と「外部のウェブサイトやアプリの埋め込みプレーヤー」があります。
「YouTube動画再生ページ」とは、YouTube.comとYouTubeアプリでの各動画再生ページのことで、YouTubeで最も一般的な再生ページです。
「外部のウェブサイトやアプリの埋め込みプレーヤー」とは、動画が埋め込まれたウェブサイトやアプリ（2015年6月1日以前は、スマートフォンまたはタブレットの埋め込みアプリは含まれていません）のことです。
動画を埋め込んだWebサイトでの再生数が意外と少なく、YouTubeの動画再生ページでの再生数が圧倒的だったというような気づきが得られます。

どのデバイスから再生されているか「端末」で知る

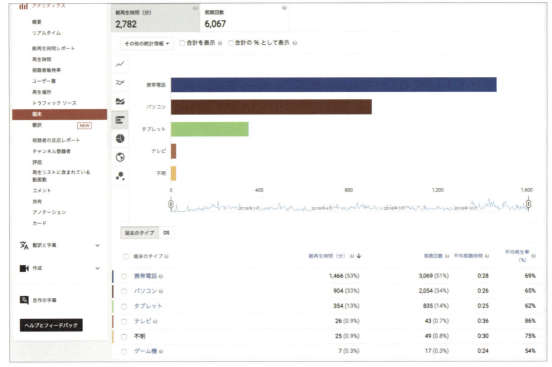

図10-4：端末

2005年にYouTubeがサービスを開始した時には、YouTubeを再生する端末は、ほぼパソコン一択でした。その後、2007年にiPhoneが登場しスマートフォン市場ができて、2010年にiPadが発表されてタブレットが到来すると、YouTubeを再生する端末もバラエティ豊かになってきました。
どの端末からの再生が多いのか、割合を知るのなら、「端末」を表示するとわかります（図10-4）。「携帯電話」と表示されている端末は、スマートフォン、多機能携帯電話、携帯型ゲーム端末のことです。

どんなデバイスからの再生が多いのかがわかったら、改善に役立てることができます。たとえば、スマートフォンからの割合が半数を超えていることがわかったら、スマートフォンでの再生を第一に考えるようにします。
スマートフォンは画面サイズが5.5インチよりも小さい機種がほとんどです。小さな画面でも良く見えるように、動画の主体を大きく見えるように撮影することです。また、キャプションをつけるのであれば、文字を大きめに設定するようにします。

動画がどこまで再生されているのかを「視聴者維持率」で確認

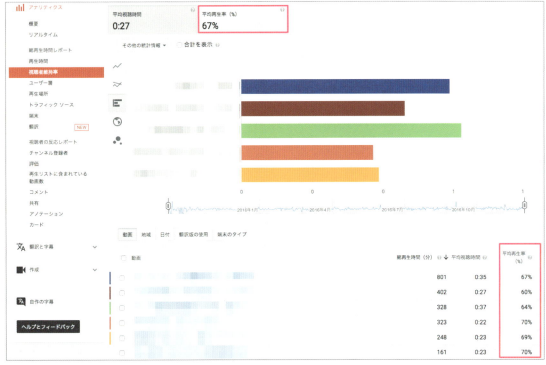

図10-5：視聴者維持率

YouTubeアナリティクスで必ずおさえておきたい重要な項目があります。それは、「視聴者維持率」です。視聴者維持率とは、動画を見た人がどこまで動画を見たかということです。パーセンテージで表されます。長さ1分の動画を30秒まで見たら50％の平均再生率になります。むろん、1分の動画を10秒しか見られなかったよりも、最後まで見られたほうがYouTubeからの評価が高くなります。

なぜこの項目が重要かというと、動画検索のされやすさに、この「視聴者維持率」が関係しているからです。平均再生率が高い動画は、多くの人が飽きずに見ていることの証拠となりますので、魅力的であると言えます。

したがって、動画検索で上位に表示されるためには、「平均再生率」が高い方が有利となります。

動画がどこまで見られているのか?「平均再生率」の改善方法

「平均再生率」を高めるにはどうしますか?

もちろん、魅力的な動画をつくるという答えもあるでしょう。ただし、コンテンツの充実は、一朝一夕にはいかないものです。そこで、ここでは、テクニカルな点を紹介します。

10分の動画を1本公開するのではなくて、1分の動画を10本作るという視点です。

プロが制作したTVのCMでさえ1本15秒または30秒程度です。視聴者の集中力を維持しつづけるのは簡単なことではありません。

そこで、伝えたい事が10分間分あったとしても、内容をまとめたスクリプトを用意して、凝縮して1分にまとめれば、動画内容は確実に充実します。また、YouTubeでは、視聴している側が、動画の長さがあとどれほどかリアルタイムでわかりますので、情報が1分にまとまっていれば、離脱する割合が減り、最後の方まで見られる割合が増え、「平均再生率」が高まります。

動画へのファーストコンタクトは「トラフィックソース」でわかる

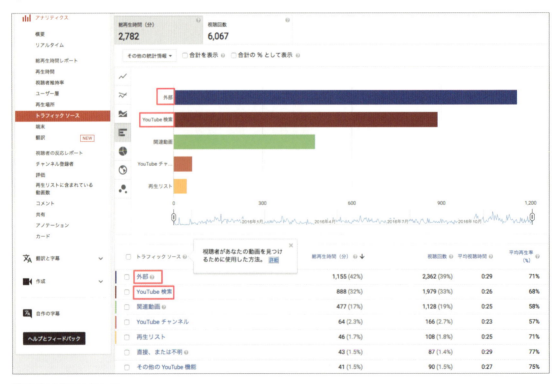

図10_6:トラフィックソース

トラフィックソースとは、視聴者があなたの動画を見つけるために使用した方法のことです（図10-6）。

「外部」とは、動画や、YouTubeの動画へのリンクを埋め込むWebサイトやアプリからのトラフィックのことです。図10-6をみると、視聴者が動画を見始めるのはYouTubeの外部からのWebサービスからが最も多いという事実がわかります。その次に、YouTube内での検索や、関連動画からの発見されるパターンも無視できないことがわかります。

こうしてみると、ここまでにみてきた項目の中で、「再生場所」で、「YouTube動画再生ページ」が多かったけれども、トラフィックソースでは「外部」が最も多かったため、動画の発見自体は、外部サイト（自社サイトに掲載している動画）からであることがわかります。さらにそこから、YouTubeのサイトかアプリに入ってきて、チャンネルに公開されているシリーズものの他の動画を再生していることもわかります。

「トラフィックソース」の改善方法

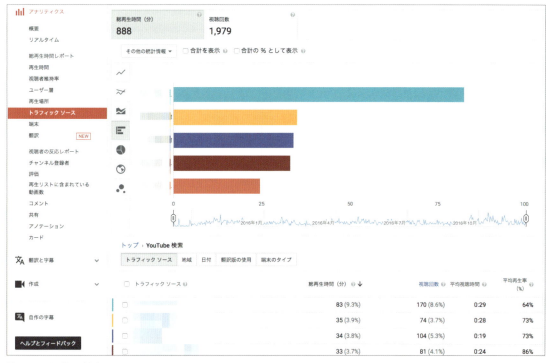

図10-7：YouTube検索

「トラフィックソース」に「YouTube検索」という項目があります。どんな検索キーワードでたどり着いているかということを知りたい人も少なからずいるのではないでしょうか。

トラフィックソースから、「YouTube検索」をクリックすると、検索キーワードもわかります（図10-7）。ここから、どんなキーワードでの流入数が多いのかがわかりますので、今後、どんなキーワードで動画を作ればよいかの方向性がつかめます。

男性、女性どちらが多いのか、何歳代が多いのかを知る「ユーザー層」

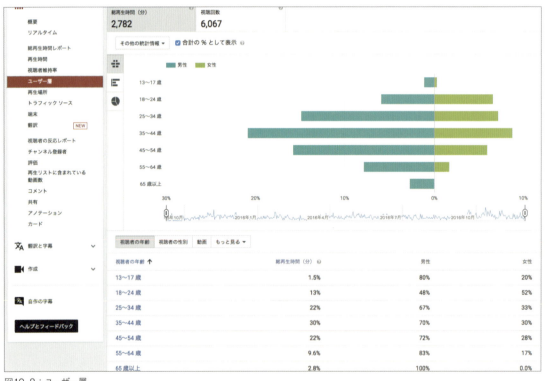

図10-8：ユーザー層

YouTubeでは、動画を再生している人がどんな属性の人たちなのか、ユーザー層もわかります（図10-8）。男性、女性の性別に加えて、年代は、13歳から17歳、18歳から24歳、25歳以上は10歳刻みです。これでどの年代からの再生が多いのかがわかります。

「ユーザー層」のデータから得られる改善方法

自社サービスのターゲットと実際のユーザー層が合っているかどうかをみるようにしましょう。

もし合っていなければ、次から制作・公開する動画の内容を変えるようにします。たとえば、主婦に見てほしいのに、男性からの再生数がばかりが多いのであれば、次回から動画の出演者を替える（例：出演者の年代を若い世代から信頼感が持てる年長者に替える）などの打ち手が考えられます。

世界の中で動画が再生されている地域を知る

YouTubeは世界的な動画プラットフォームなので、日本向けに日本語のコンテンツだけを用意していたとしても、意外な国から再生が多いということもあります。

動画がどの国や地域から再生されているのか、「再生時間」→「地域」タブをクリックすると、世界地図が表示され、再生が多い地域は濃い色で表示されます（図10-9）。

図10-9：「再生時間」→「地域」で国別の視聴回数がわかる

国別の再生数の改善方法

製造業や、小売業などで、もともとは、日本国内向けにサービスを提供している企業であっても、日本のみならず、ワールドワイドに商品を展開できる場合、YouTubeで展開するのも1つの方法です。

もし日本よりも海外からの再生数が多いなら、海外向けのコンテンツを作ることも検討しましょう。動画の内容はさほど変えなくても、タイトルや説明文をターゲット国の言語で設定してみましょう。動画を見た人からの問い合わせをスムーズに受けるには、動画下に表示される「説明」欄に自社のWebサイトへのリンクを張って、自社サイトに誘導して、問い合わせメールを受けるようにするとスムーズです。

■ YouTubeアナリティクスの利点

現在、YouTubeはGoogleの1サービスです。2005年にYouTubeがサービスを開始した時に、YouTubeの解析ツールはありませんでした。2006年にGoogleがYouTubeを買収しました。Googleのサービスの利点は、我々ユーザーに多くの情報を公開しているところです。

そして、YouTubeも例外ではありません。ここまで見てきたように、YouTube動画の分析についてグラフィカルにわかりやすく情報を提供してくれています。そのおかげでトラフィックソースや、再生の現状を知ることができます。そして、ビジネスをさらに飛躍させる改善の糸口を得られるのです。

10・2　Googleアナリティクス

■ Webサイトのアクセス解析（Googleアナリティクス）

なぜ、アクセス解析を活用して、自社サイトを分析をするのでしょうか。この講義の扉の言葉に書かれているとおり、「孫子の兵法」の謀攻篇に、「知彼知己者、百戦不殆。（彼を知り己れを知れば、百戦殆うからず。）」という言葉があります。物事を一面的に捉えるのではなく、多面的に捉えなさいという教えです。

多くの場合、競合他社について調べても、自社サイトについてしっかり分析している企業は実はそれほど多くはありません。

Googleアナリティクスを活用すれば、自社サイトの状況を数値でおさえることができるようになります。

どのページにいくつアクセスがあったのか、GoogleやYahoo!といった検索エンジンからのアクセスが多かったのか、それともソーシャルメディアからのアクセスが多かったのかなどが明らかになります。すると、これらのデータを分析することで、成果を上げるにはどうしたら良いかがわかるようになります。Webサイトを経験や勘ではなく、実際の数値をベースにして分析することで、より意味のある改善を行うことができるようになります。

それでは、アクセス解析の標準となっているGoogleアナリティクスを用いて、分析の手法を見ていきましょう。

Googleアナリティクスとは、Googleが提供しているアクセス解析ツールで、GAと略されることもあります。アカウントの登録を行い、管理画面から発行するタグをアクセス解析したいWebサイトへ設置することで利用可能です。基本的に無料で利用することができます。実際にWebマーケティングを行なっている会社でこのツールを導入していない会社はないくらいに普及しているツールです。

つづいて、どのようにアクセス解析・分析を行い、どう改善していくのか、事例を用いるとわかりやすいため、具体例を5つ紹介していきます。

- プロモーションを行う時期
- 訪問ユーザーのエンゲージメント（絆）を高める施策
- Webサイトへのアクセス数を増やす施策
- メルマガ配信のタイミング　● 広告費の抑制

> Googleアナリティクスでは、誰がアクセスしているのか個人名までは特定できません。たとえば、あなたの名前が「ワタナベノボル」さんだとして、それがGoogleアナリティクスを管理している人に知られることはありません。

■ **アクセス解析を元に改善した事例**

事例1　プロモーションを行う時期はいつがいいか？

旅行会社が海外旅行のWebサイトを運営している場合を例にとって考えてみましょう。

ある旅行会社では、フランスの旅行情報サイトを運営しています。単純に旅行の予約ができるWebサイトを運営するのではなくて、旅行に行きたくなる人が増えるように、ニーズを掘り起こすための旅行情報サイトです。

プロモーションの目的は、Webサイト経由での、旅行の予約人数を増やすことです。

問題
年に2回プロモーション用に予算の確保ができました。その場合、いつのタイミングでプロモーションを強化するのが良いでしょうか？

アクセス解析でわかること

図10-10：年間のアクセス傾向

アクセス解析を利用してデータを分析すれば、答えは明白になります。プロモーションに最適な時期は、見込み客が、フランスへの旅行に対して検索を始めている時期です。

アクセスが増える時期を過去の訪問履歴を元に調査してみると、6月から8月の時期と、1月から2月までの時期に増えていることがわかりました（図10-10）。これは、夏休みと冬休みから春休みにかけての時期と大いに関係していることが分かります。

8月の夏休みの旅行のために、6月から検索を始めているのです。そこで、この結果から、5月から仕込みをはじめてプロモーションを打つことになりました。また、冬休みから春休みにかけての旅行に向けては、1月に検索をはじめることがわかりましたので、12月から仕込みをしてプロモーションを打つことになりました。

改善のためのポイント

ユーザーのアクセスの動向という数値の推移から、年間2回のプロモーションに力を入れる時期が明確になりました。これまで、アクセス解析がなかったなら、経験と勘によって、だいたいの時期を選んできましたが、アクセス解析のおかげで明確な根拠を持ってプロモーションを打てるようになったのです。

この様にユーザーのアクセス動向を把握することは非常に重要です。また、単に多くなった少なくなったという数値のみでの理解ではなく、なぜ数値が増えているのか？なぜ数値が減っているのかを把握することで打ち手を考えやすくなります。

| 事例2 | メディアサイトのエンゲージメント（絆）を高めるには? |

メディアサイトを運営している企業があります。Webサイトの目的は、訪れるユーザーのエンゲージメントを高めることです。エンゲージメントとは、愛着とか絆といった意味で、ユーザーにそのWebサイトやWebサービスのことを好きになってもらうことです。

問題

● エンゲージメントを数値で把握するならどんな指標が良いでしょうか?
● ユーザーの平均ページ滞在時間を伸ばすための施策は、どのようなものが考えられるでしょうか?

アクセス解析でわかること

● エンゲージメントを数値で表すとしたら何が良いでしょうか?

1つの答えとして、エンゲージメントは、ユーザーの平均ページ滞在時間で計測されるケースがあります。

■ ■ ■

Webサイトを訪問した人が、10秒未満で帰ってしまうよりも、3分以上滞在している方が、明らかにエンゲージメントは高いと言えます。10秒未満で離脱するユーザーは、そのWebサイトを見る意味はないと判断したからです。それに対して、一定時間以上滞在しているユーザーは、確実にそのWebサービス内のコンテンツを利用していると考えられます。したがって、エンゲージメントを計測するための指標の1つは、平均ページ滞在時間と言えます（図10-11）。

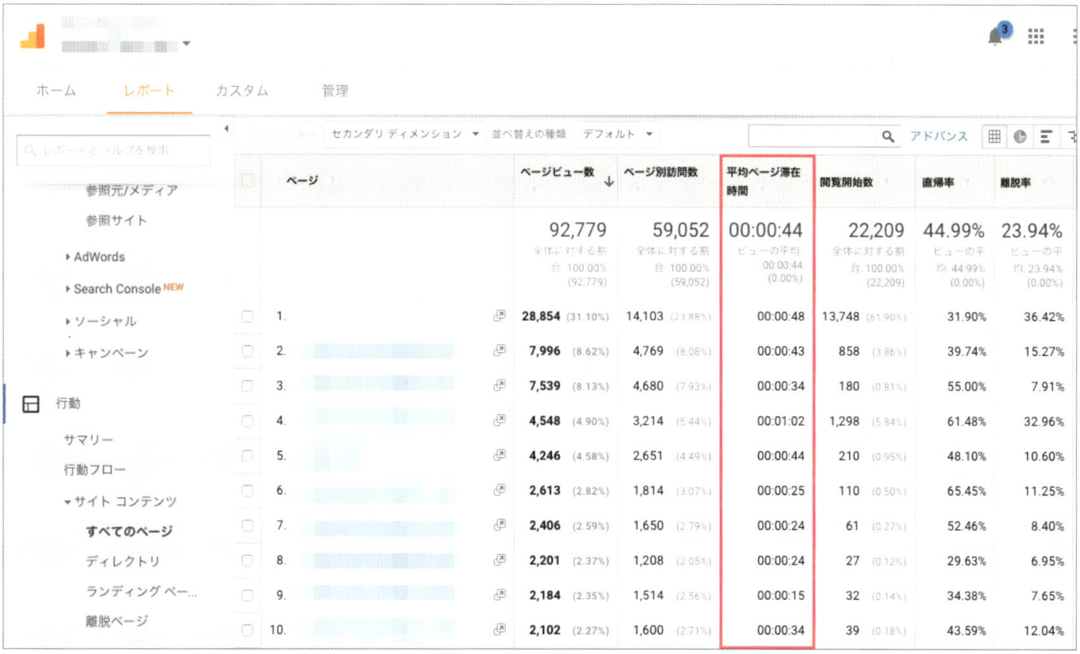

図10-11：平均ページ滞在時間

平均ページ滞在時間を伸ばすための施策は、どのようなものが考えられる
でしょうか？

今回の事例では平均ページ滞在時間を伸ばすための施策として、コンテン
ツページ内に動画を掲載することになりました。Webページのコンテンツ
は、文字と図だけでもかまいませんが、動画の方がわかりやすく、かつユー
ザーも何気なく最後まで見ていくことがあり、結果としてサービスの理解や
Webサイトへの興味を高めることがあります。

改善のためのポイント

平均ページ滞在時間を指標に、コンテンツの設置前後で平均ページ滞在
時間がどう変わっているのかを見たり、ファーストビュー（サイトを表示した
時にスクロールせずに見られる画面）の見出しや画像を工夫してコンテンツ
への導線を作ったり、さらに他ページへ誘導することで改善できます。

事例3　Webサイトのアクセス数を増やしたい

アクセス解析をはじめると、データが詳細にわかるため、その奥深さに面白みを感じて、担当者によっては毎日欠かさずチェックするようになる人も多いものです。たとえば、はじめのうちは、Webサイト内の数多いページの内、人気ページはどのページなのかが気になるようになります。Webサイト内で、どのページが人気なのかについて、Googleアナリティクスを活用することで一覧を確認できます。

「行動」→「サイト コンテンツ」→「すべてのページ」で見ることができます（図10-12）。

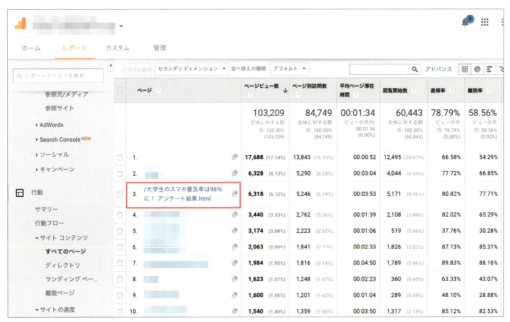

図10-12：上位のコンテンツ

今回のケースで、上位25位までを見てみると下記のような傾向が浮かび上がってきました。

- コンテンツの一つであるブログの特定の記事（「大学生のスマホ普及率は98％に！アンケート結果」）が何故か上位にランクイン
- 上位に入ったブログの流入元を見てみると「Google/organic」からの流入（Googleからの検索による流入）が最も多かった

194

問題

Webサイト全体のアクセス数を増やすには、あなたならどうしますか？

アクセス解析でわかること

Googleの検索からの流入が多いということは、Googleの検索結果において上位に表示されている（＝コンテンツとして評価されている）ことが推測されます。つまり、そのサイトはそのカテゴリについて詳しい情報を持っている可能性が高いです。

実際、同カテゴリの記事について、周辺のキーワードでも記事が書けるでしょう。たとえば、「大学生のタブレット普及率は何％か？ アンケート結果」「iOSと、Androidどちらが人気なのか？ アンケート結果」等、ブログ記事を追加で作ることで、全体のWebサイトのアクセスが伸びる可能性があります。

■　■　■

先ほどの「大学生のスマホ普及率は98％に！ アンケート結果」という記事も、今年のアンケートだけでなく、翌年・翌々年のアンケートというように、アクセスの多かった人気記事をシリーズ化することも可能です。

改善のためのポイント

人気コンテンツを調べ、同じ分野のコンテンツを増やして、サイト全体のアクセス数を増やしました。ただ、それにもかかわらず、新しい記事よりもしばらく前に書いた記事のほうが、検索エンジンで上位に表示されつづけているということがあります。その対策方法は、第7講の「考えてみよう」のコーナーで解説したとおり、記事下に「関連記事」の項目を設けるようにすることです。

第10講

動画とWebサイトの分析ツール

事例4-1　メルマガを配信するタイミング

ある企業では、OL向けの情報やニュースを提供するメディアサイトを運営していて、日常的にメールマガジンを発行しています。

問題
このメディアサイトがメールマガジンを1日1回配信する場合、タイミングは何時が良いでしょうか？

アクセス解析でわかること

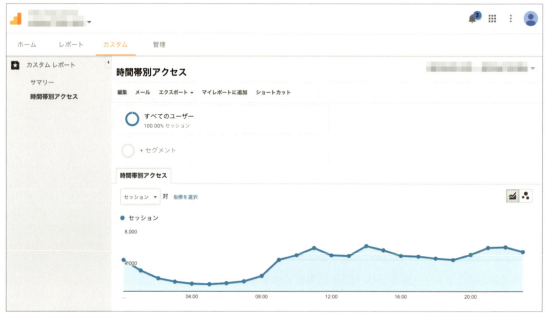

図10-13：時間帯別アクセス

Webサイトをアクセス解析してみると、ヒントが出てきます。このメディアサイトの場合、Webサイトへの訪問数のピークは3回ありました。午前中の10時〜11時と、お昼の14時〜15時、夜の22時〜23時でした（図10-13）。その情報を元に、このケースでは、平日の朝8時に配信を行うことを決めました。
1回目のアクセスのピークが10時〜11時なので、その前の時間帯がベストです。平日朝8時といえば、働く人の多くは、電車や車などで会社へと移

動しています。電車で移動中の人は、スマートフォンを見ている人が多いので、メルマガを確認して、そのままメディアサイトへ再訪するという流れがスムーズになることがあります。また、車で移動している人も、会社についた時に、メールを開いて始業までの時間にサイトに訪れることがあります。また、お昼休みにメルマガを開いて情報を確認する人もいるでしょう。したがって、朝の段階でメルマガを送るのが、ベストのタイミングということがわかりました。

事例4-2　メルマガを配信するタイミング

スイーツを専門に取り扱うECサイトを運営する企業がメールマガジンを発行しています。

問題
このECサイトがメールマガジンを1日1回配信する場合、タイミングは何時が良いでしょうか？

アクセス解析でわかること
ECサイトによっても取り扱っている商品やターゲットによってもユーザーの行動は異なります。今回のケースでは、アクセス解析の結果、21時〜22時の間のサイト訪問数・注文数が多いことがわかりました。これは、扱っているお取り寄せスイーツが、生活必需品ではないが、自分へのご褒美で購入するような商品だったため、仕事が終わり一息ついた夜に注文が多かったことが背景としてありました。

解析の結果を元に、メールマガジンの配信は朝のタイミングではなく、22時のピークに向けて、多くの働く人の仕事が終わる18時以降にメールを配信することになりました。仕事をしている人が家に帰って、リラックスする前のタイミングでメールマガジンを送っておくことで、ECサイトへ誘導、買い物を誘発させる狙いがあります。

改善のためのポイント
メールマガジンを送るタイミング1つをとっても、アクセス解析を活用すれば、

第10講

動画とWebサイトの分析ツール

解決策が見えてきます。そして、メディアサイトかECサイトかの違いによって、また、どのような人をターゲットにしているのか（ビジネスマンなのか主婦なのか、等）によっても、送信のタイミングは変わってきます。アクセス解析を行い、数値を元に背景を考え、ターゲットの行動を想像することで適切なWebマーケティング施策の立案をしていきましょう。

事例5	広告費の抑制

ある企業が商品の販売を促進するために、Web広告を出稿しています。このケースの詳細情報は下記のとおりです。

- 日本国内のみで展開するBtoBの商材を扱う企業
- 広告出稿の結果アクセス数・問い合わせ数が増加
- Web広告を出稿し始めたタイミングから、日本国内だけではなく海外からのアクセスも増加

問題
なぜ、世界中からアクセスが増えてしまっているのかを原因究明したい

アクセス解析でわかること
アクセス解析をしてみると、たしかに世界中の地域からアクセスされていることがわかりました。また、そのアクセスのほとんどは、流入元が出稿していたWeb広告になっており、Web広告の設定が日本国内だけではなく、全世界へ配信されていたため、必要のない海外からのアクセスが増えていることがわかりました（図10-14）。つまり、Web広告における地域設定にミスがあったことが原因です。

改善のためのポイント
何か、Webサイトのアクセスにおいて原因がわからない事象があった場合、アクセス解析を行うことで、普段との相違点を見つけ、その発生原因を流入元や流入が増えたタイミングを元に究明していけます。何か異変があった際にブラックボックスのままにするのではなく、アクセス解析をして数値で状況を明らかにすることは非常に重要な観点です。

198

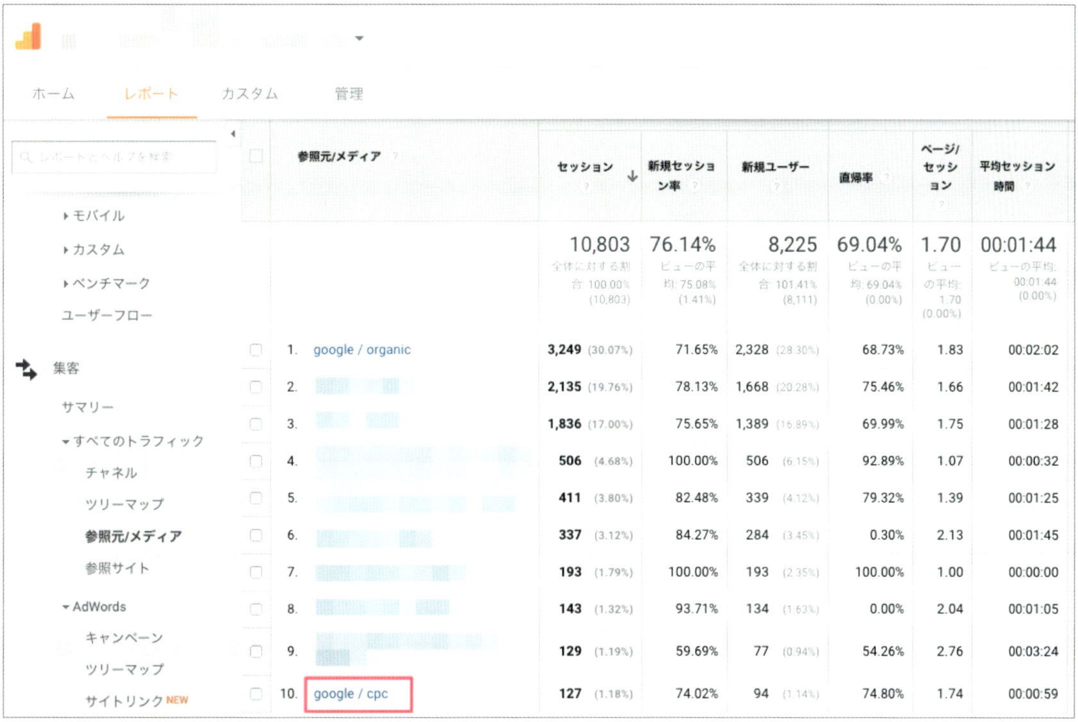

	参照元/メディア	セッション	新規セッション率	新規ユーザー	直帰率	ページ/セッション	平均セッション時間
		10,803 全体に対する割合: 100.00% (10,803)	76.14% ビューの平均: 75.08% (1.41%)	8,225 全体に対する割合: 101.41% (8,111)	69.04% ビューの平均: 69.04% (0.00%)	1.70 ビューの平均: 1.70 (0.00%)	00:01:44 ビューの平均: 00:01:44 (0.00%)
1.	google / organic	3,249 (30.07%)	71.65%	2,328 (28.30%)	68.73%	1.83	00:02:02
2.		2,135 (19.76%)	78.13%	1,668 (20.28%)	75.46%	1.66	00:01:42
3.		1,836 (17.00%)	75.65%	1,389 (16.89%)	69.99%	1.75	00:01:28
4.		506 (4.68%)	100.00%	506 (6.15%)	92.89%	1.07	00:00:32
5.		411 (3.80%)	82.48%	339 (4.12%)	79.32%	1.39	00:01:25
6.		337 (3.12%)	84.27%	284 (3.45%)	0.30%	2.13	00:01:45
7.		193 (1.79%)	100.00%	193 (2.35%)	100.00%	1.00	00:00:00
8.		143 (1.32%)	93.71%	134 (1.63%)	0.00%	2.04	00:01:05
9.		129 (1.19%)	59.69%	77 (0.94%)	54.26%	2.76	00:03:24
10.	google / cpc	127 (1.18%)	74.02%	94 (1.14%)	74.80%	1.74	00:00:59

図10-14：Google広告からのアクセス：cpcは広告からのアクセスを表します

まとめ

第10講では、動画とWebサイトの分析ツールの使い方について見ていきました。
YouTubeアナリティクスでは、「視聴者維持率」や「トラフィックソース」といった重要な指標の見方を8点あげて学びました。
Googleアナリティクスでは、「プロモーションを行う時期」や「広告費の抑制」などの5つの例題をあげて、解決するにはGAでどのようなポイントを見ていけばよいかについて学習しました。

考えてみよう

1 Webサイトのリニューアルをすることになりました。問い合わせ数を増やしたいと考えています。この場合、アクセス解析の何をみて、どのような改善策を取りますか? なお、会社の方針としてWeb広告は行わないとします。

解答例　アクセス解析にて検索語句（検索クエリ）を確認します。Googleアナリティクスで十分な検索キーワードが表示されない場合は、Google Search Consoleと連携して、検索クエリを確認できるようにします（Google search consoleについては第11講でも詳述します）。このようにして、検索語句（検索クエリ）を見ていると、これまで対策は立てていなかったものの、上位に表示され	た場合に効果が出るであろうキーワードが見つかりました。改善策としては、Webサイトのリニューアルを機に、SEO対策キーワードを変更することにします。念のため、Googleキーワードプランナーでも調べてみると、検索している人の数が多いことが確認できました。今回発見できたキーワードで上位に表示されれば、アクセスと問い合わせ数が増えることが予想されます。

ちょっと深掘り

今回は、動画とWebサイトの分析方法についてでした。Webサイトの分析にGoogleアナリティクスがあるということは知っていたのですが、YouTubeにもアナリティクスがあることを、今回初めて知りました。

Googleという企業の革新的なところは、ユーザーが知りたい情報を提供していることだね。しかも多くの場合、必要十分な機能が無料で提供されている。

すごいですね。Googleアナリティクスは、機能が多すぎて、迷うほどです。

Googleアナリティクスは、もともとはurchinという有料のアクセス解析ツールだったんだ。それをGoogleが買収して、無料で一般向けに公開したからインパクトがあった。
そういえば、サークルのWebサイトの担当なんだって?

そうなんです、サークルのWebサイトを運営していまして。毎年恒例の発表会が半年後に迫っていて、日々の活動もWebサイトにアップしているのですが、Googleアナリティクスでアクセス状況をみると、先々月、先月と、アクセスが右肩下がりに減っていて危機感があります。

アクセス解析をする場合には、前月と比較することも悪くはないけれど、多くの場合季節変動があるからね。もっと重要なのは、前年同月と比較することだ。もし前年同月とくらべてアクセスが減っているなら、改善が必要だね。

たしかに、夏休みもありましたので、単純に前月とくらべてはいけませんね。最近はスマートフォンからのアクセスが増えているようなので、前年同月とのアクセスの変化をさっそく確認してみます。

復習クイズ

1 YouTube（　　　　　　　　）の「概要」では、「再生時間」「平均視聴時間」「視聴回数」といった、全体の傾向がわかります。

2 YouTubeの動画再生数は、YouTube内の動画と、（　　　　　　　　）に埋め込まれた動画の再生数を両方をあわせた合計数です。

3 視聴者があなたの動画を見つけるために使用した方法のことをYouTubeのアナリティクスでは（　　　　　　　　）と言います。

4 （　　　　　　　　）とは、愛着とか絆といった意味です。たとえば、ユーザーにそのWebサイトやWebサービスのことを好きになってもらい、滞在時間や再訪回数が高まれば（　　　　　　　　）は高いと言えます。

5 検索キーワード、検索語句、（　　　　　　　　）は、ともにほぼ同じ意味で使われる用語です。

答え

1. アナリティクス

2. 外部サイト

3. トラフィックソース

4. エンゲージメント（2つの括弧とも同じ言葉が入る）

5. 検索クエリ

「無求備於一人」
（備わるを一人に求むることなかれ）

出典：『論語』微子第十八より

第 11 講

オウンドメディアを強化する10のツール+1

自社メディアを強化していく中で役立つツールを知りましょう

はじめに

この講では、自社サイトを中心としたオウンドメディアを強化するために役立つデジタルマーケティングツールを紹介します。キーワードを調査したり、自社のWebサイトへの流入状況や、競合サイトの調査にも使えるツールです。Webマーケティングで有用な10のツールプラス1を紹介します。自社のエヴァンジェリストを増やすために、これらのツールをどう使うかを考えながら読み進めていきましょう。

11·1 自社メディアとキーワードの重要性

オウンドメディアとは、自社メディアのことで、自社のWebサイトが該当します。トリプルメディアの1つとして分類されることがあります。

事業会社は、何らかのサービスを顧客に提供しています。顧客は何かを調べる時、パソコンやスマートフォンなどから検索します。したがって、検索で自社を顧客から探してもらう、たどり着いてもらうことで成果を上げやすくなります（図11-1）。つまり、自社メディアに新規顧客を連れてくることの重要性はいつの時代も変わりません。

> トリプルメディアのうちオウンドメディア以外には、ペイドメディアとアーンドメディアがあります。ペイドメディアは他メディアの広告枠を購入することです。アーンドメディアは主にソーシャルメディアのことです。

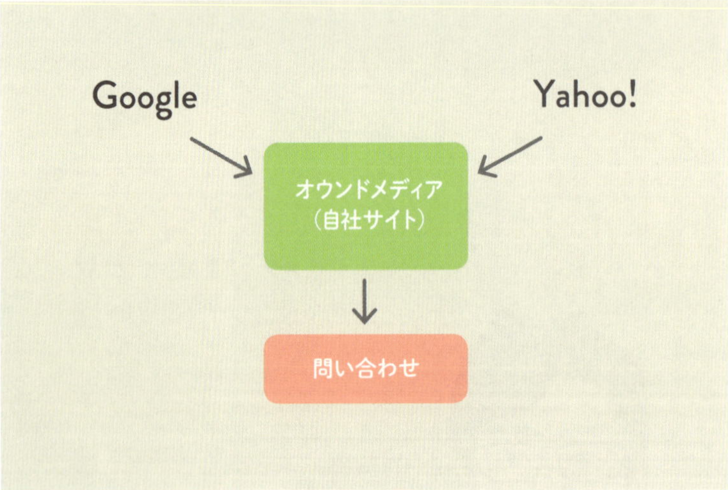

図11-1：オウンドメディア（自社サイト）と検索エンジン

204

仮にまったく同じ実力の2社があって、Googleで検索した時に、A社は1位、B社は100位に表示されたとします。すると、B社は検索で見つけにくいので実質的に検索での流入がほぼありません。それに対しA社は、検索経由で新規顧客を自社サイトへ多く集められます。その結果、A社は問い合わせが着実に増えて、新規顧客と売上もそれに応じて増大していきます。この状況が、1年、3年、5年と続いたらどうなるでしょうか。

はじめは同じ実力の2社でも、検索経由のアクセスが起点となって、その後の企業の繁栄ぶりは大きく変わっていきます。

■ 価値のあるキーワードを選定しているか？

先述のA社とB社を分けるものは何でしょうか。答えは、キーワードの選定です。キーワードの選定とは、どんなキーワードで検索結果の上位に表示されるかを考えることです。キーワードを考える時に、無策では成果が出ません。多くの人が調べている人気のキーワードもあれば、ほとんど調べられていないようなニッチなキーワードもあるからです。

自社サイトが提供しているコンテンツが、検索をしている人にとって有意義なものなのかを考える必要があります。

■ Googleキーワードプランナー

キーワードは、1つ1つ全て価値が異なります。自社にとって価値のある言葉と価値の低い言葉がありますので、自社ビジネスにとって有益なキーワードを選択して対策を施すようにします。

Googleキーワードプランナー（図11-2）を使用すると、該当キーワードが月間何回調べられているのかと、関連するキーワードと、その検索数がわかります。

たとえば、新宿で営業している整体院が集客のために、どのようなキーワードを選択するかを例にとって探っていきましょう。

キーワードプランナーは、Googleに広告を出稿する際に役立つツールのため、GoogleのAdWords広告を設定していないと使えない場合があります。

図11-2：Google キーワードプランナー（https://adwords.google.co.jp/keywordplanner）

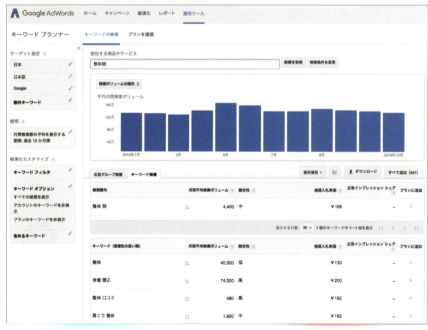

図11-3：「整体院」

まず、「整体院」でのキーワードをみてみましょう。

4,400件と結果が表示されました。Googleを日本語環境で検索をする人のうち月間4,400回検索されているということです（図11-3）。

整体院というものは日本全国にありますから、無理に「整体院」で上位を目指す必要はありません。理由は2つあります。1つは、新宿で整体院を営んでいるため、商圏は、定期的に新宿に通える人が住む範囲なので、北海道や九州などの遠方の人が新宿の整体院に足を運ぶことは意図していないからです。

もう1つは、現在のGoogleの検索結果は進化しており、スマートフォンなどで検索している位置がわかるデバイスなら、「整体院」と検索しただけで、位置情報を考慮した、近場の検索結果を表示してくれるからです。つまり、新宿で「整体院」と検索すれば、東北や関西の整体院の情報ではなく、おおむね東京都内の整体院情報をGoogleは表示するようになっています。そこで、日本全国を相手に「整体院」で上位に表示されることを目標にするのではなく、新宿というエリアではしっかり上位に表示されることを目標とします。つまり、「新宿　整体院」で上位に表示されるようにします。

この場合に、キーワードプランナーで調べてみましょう（図11-4）。

図11-4：「新宿　整体院」

月間の検索数は、90件しかありません。絞り方は悪くないものの、今度は検索数があまりに少ないことがわかります。

下の「キーワード（関連性の高い順）」をみていくと、下記のようなキーワードがでてきます。

「新宿　整体」1,600件
「整体　新宿」590件
「骨盤矯正　新宿」210件

「新宿　整体」と「整体　新宿」は順序が違うだけですが、検索数で2倍以上も変わってくる点は興味深いポイントです。
新宿で整体と検索している人は、整体院を探していると考えられます。また、整体院では骨盤矯正を行っているため、骨盤矯正という言葉も価値があるとわかります。

■　■　■

顕在化されたニーズには、「整体」という言葉が効きます。それに対して、潜在化したニーズには、「骨盤矯正」という言葉が効きます。
なぜなら、「整体」という言葉が出て来る人は、すでに整体院を探していると考えられます。
それに対して、「骨盤矯正」で検索する人は、骨盤矯正をしたいというニーズはあるものの、まだ、整体院がそのソリューションかどうかがわかっていません。
そこで、骨盤矯正まわりのキーワードで調べたユーザーに対して、あなたの骨盤を矯正してくれるのは、サプリメントではなく、運動でもなく、整体院ですよということを紹介するコンテンツを整体院のサイト内に置くようにします。
日本全国で営業している整体院の数は多くても、新宿エリアまで狭めれば競合が少なくなります。

■　■　■

「骨盤矯正に強い新宿の整体院」をコンセプトにして、キーワード対策とコンテンツを制作していきます。すると、「骨盤矯正」「整体」「整体院」「新宿」を組み合わせたキーワードで上位表示を狙っていけます。

■ 傾向を知る「Googleトレンド」

つづいて、キーワードの検索数が増える傾向にあるのか、減少する傾向にあるのかという、時系列の増減について知るツールを紹介します。
それが、第5講でも紹介したGoogleトレンドです。

Googleトレンド　https://www.google.co.jp/trends/

Googleトレンドとは、Googleが提供しているWeb検索において、特定のキーワードの検索回数が時間経過に沿ってどのように変化しているかをグラフで参照できるキーワード調査ツールです。

Googleトレンドで、プロダクトライフサイクルを知る方法や、年間の季節変動を知ることができます。

> プロダクトライフサイクルや季節変動については『Webマーケティング集中講義』第3講でも詳述しています。

図11-5は、Googleトレンドにおいて「整体院」と「骨盤矯正」というキーワードで検索トレンドを調査した画面です。画面にでているように、調査したいキーワードを入力することで、そのキーワードが過去から現在までどのような検索のトレンドがあるかがグラフで表示されています。

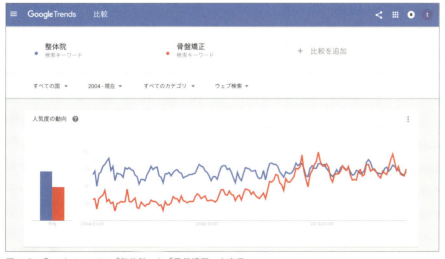

図11-5：Googleトレンドで「整体院」と「骨盤矯正」を表示

どのくらい検索がされているのかを、グラフで確認できます。また、国別・地域別での検索トレンドを分析したり、5つまでの複数のキーワードで検索された際の傾向も把握できます。

これを見ると、「整体院」という言葉は2004年から2017年まで検索ボリュームが一定ですが、「骨盤矯正」は増えるトレンドにあることがわかります。2011年から増えているため、スマートフォンによる検索数も加味されて増加していることが推測できます。

ここまでで、具体的なキーワードが1ヶ月に何回Googleで調べられているか、さらに、そのキーワードが多く調べられる基調にあるのか、減っているのかがわかりました。

さらに踏み込んでみていきましょう。

11・2　自社を知るツール

このパートでは、自社を知るためのツールを紹介します。自社サイトのことを知るツールとして最も重要なツールはアクセス解析ツールです。Googleアナリティクスについては、すでに第10講で詳細に学んできました。第10講の「考えてみよう！」で言葉がでてきたGoogle Search Consoleについて、紹介します。

■「Google Search Console(グーグルサーチコンソール)」
Google Search Consoleは、Google検索結果でのサイトのパフォーマンスを監視、管理できるGoogleの無料サービスです。
第10講で詳述したGoogleアナリティクスは、自社サイトのアクセスや遷移動向を知るのに適したツールでした。そして、この講で紹介したGoogleトレンドやキーワードプランナーは、Googleの検索状況を知るためのツールでした。Google Search Consoleは、ちょうど両者をつなぐ、検索エンジンと自社サイトの橋渡し役となります。Google Search Consoleを活用すると、たとえば、Goolgeの検索エンジンで何回表示されて、そのうち何回がクリックされて自社サイトへのアクセスがあったかということがわかります。

> Google Search Consoleについて
> https://support.google.com/webmasters/answer/4559176?hl=ja

> Google Search Consoleは、無料で利用できるが、第三者が勝手に利用できないように、該当Webサイトの管理者であるという認証は必要です。

検索クエリごとの検索順位

図11-6：Google Search Consoleで検索クエリと自社サイトへの流入数を知る

それでは具体的にみていきましょう。Google Search Consoleで、「検索トラフィック」→「検索アナリティクス」で、「クリック数」「表示回数」「CTR」「掲載順位」にチェックを入れます。すると、検索クエリ（検索キーワード）ごとの情報の詳細が表示されます（図11-6）。
CTRとは、Webサイトに何％の人が訪れたのかを示すクリック率です。CTRとは、クリックスルーレートの頭文字を取った略称です。

これがわかると、Googleアナリティクスでは分からなかった、検索クエリ（検索キーワード）ごとのGoogleでの表示回数がわかります。また、自社サイトが、Googleの検索結果の平均で何位に掲載されているのか、さらにクリックされた数と率までが簡単にわかる有用なツールです。

「検索クエリ」と「検索キーワード」は、言葉は違いますが同じ意味で使われていると捉えて問題ありません。

Google Search Consoleは、Googleアナリティクス（GA）と連携することもできます。連携すると、GAの画面からGoogle Search Consoleの結果を見られますので、Google Search Consoleを開く手間が省けるため便利です。

■「SEO TOOLS」

自社のWebサイトを担当して数年もすると、当事者になりますので、あらためて自社サイトを客観視することが難しいと感じる場合があるでしょう。そこで、SEO TOOLSというツールを紹介します（図11-7）。

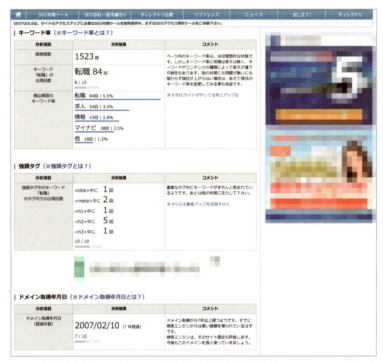

図11-7：SEO TOOLSで、Webサイトを分析する（SEO TOOLS　http://www.seotools.jp/）

SEO TOOLSを利用すると、次のような内容を簡単に調べられます。

- 特定のキーワードの検索順位
- Googleのインデックス数
- キーワード率
- 強調タグ
- ドメイン取得年月日

212

図11-7には、調べた結果が表示されています。Webサイトの状況が把握できます。「強調タグ」で該当のキーワードが、titleタグに何回、metaタグに何回、見出しタグのh1やh2に何回入っているかといったことが一覧でわかります。またドメイン取得年月日といった情報がすぐにわかります。
自社サイトの点検だけでなく、競合サイトのSEO対策の動向を調べるのにも有用なツールです。

■「モバイルフレンドリーテスト」でスマホ対応に問題がないか確認

パソコン向けのWebサイトだけでなく、スマートフォンでも閲覧が最適化されているWebサイトのことを、モバイルフレンドリーなWebサイトといい、GoogleはモバイルフレンドリーなWebサイトを推奨しています。

ここまでの講義の中ですでに紹介したように、2007年にiPhoneが発売され、スマートフォン市場ができると、GoogleのAndroidを搭載したスマートフォンと合わせて、世界的にスマートフォンが浸透していきました。2010年以降はスマートフォンの台数は伸び続け、その結果、スマートフォンから検索する人も増えました。2015年のGoogleの発表によると、前年の2014年にはPCからの検索よりもスマートフォンからの検索のほうが多くなったとのことです。こういった事実から、Googleは、Webサイトは、パソコンだけでなく、スマートフォンでも最適に閲覧できるように対応するよう促しています。

図11-8：モバイルフレンドリーテスト

スマートフォンからの検索が増えたにも関わらず、供給側のWebサイトがスマートフォンに対応していなければ、いくら良質な情報を提供しているWebサイトだったとしてもスマートフォンからは見にくいページになってしまいます。そこで、「モバイルフレンドリーテスト」を実行します（図11-8）。

https://search.google.com/search-console/mobile-friendly
Googleが専用に用意しているページがありますので、ここにWebサイトのURLをコピー＆ペーストして「テストを実行」ボタンを押すと、スマートフォンに対応しているかどうかがわかります（図11-9）。

図11-9：モバイルフレンドリーテスト結果

「このページはモバイルフレンドリーです」と表示されれば合格です。それ以外の表示が出る場合には、Webサイトの修正をするようにします。

■ 競合を知るツール：SimilarWeb

つづいて、競合サイトを知るツールを紹介します。

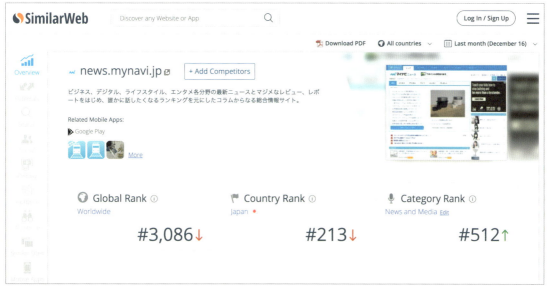

図11-10：SimilarWeb「マイナビニュース」を表示（SimilarWeb：https://www.similarweb.com/）

競合サイトのアクセス情報が知りたい場合にはどうしたら良いでしょうか？
アクセス解析は、通常自社サイトのものしか見られません。当然競合他社のアクセス解析データは見られません。

しかし、SimilarWebなら、競合他社のURLを入力するだけで、ある程度の分析ができます。調査をするWebサイトの有益な情報がグラフィカルに表示されるツールです（図11-10）。

世界でのランキング、日本でのランキング、国別のアクセス、アクセス元、閲覧者の関心事、似たWebサイトといったことを表示してくれます（図11-11、図11-12）。

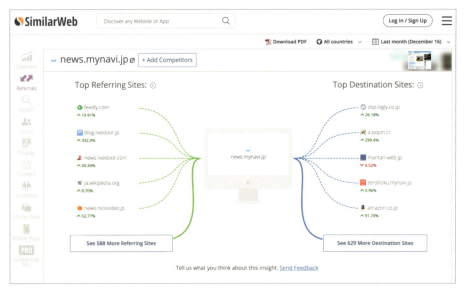

図11-11：該当サイトの参照元もつかめる

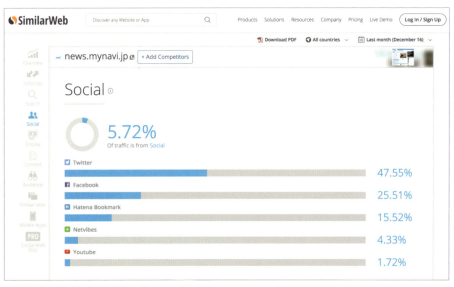

図11-12：ソーシャルメディアからの流入元もわかる

　たとえば、ブログサービスからの流入が多いことがわかったり、ソーシャルメディアの中でもTwitterからのアクセスが多数を占めるというようなことを視認性の高いUIやグラフで表示してくれるため、概況を直感的につかみやすいです。
　Googleアナリティクスとくらべて詳細な情報を提示してくれるわけではありませんが、競合のWebサイトの概況を知る時に利用価値の高いツールです。

■ Internet Archive

図11-13：Internet Archiveトップページ　（https://archive.org/）

競合サイト調査をするなかで、該当Webサイトの過去の履歴を知りたいことがあります。たとえば、リニューアルのスパンや、リニューアル前のデザインを確認したい時です。

そんな時は、Internet Archive（インターネットアーカイブ）のwayback machineという機能を利用すると、過去のWebデザインがわかることがあります（図11-13）。

・・・

Internet Archiveの検索ボックスに自分の知りたいWebサイトのURLを入れます。たとえば、楽天のWebデザイン履歴を調べるとしましょう。
すると該当Webサイトのこれまでの履歴を見ることができます。図11-14では楽天の1998年当時のトップページを表示させてみました。文字が主体でカテゴリごとに分類されている様子がわかります。1998年といえば、まだADSLも整備されていない今から考えると低速なインターネットの時代でしたので、文字が主体で構成されているというのも納得できます。
ただ、Internet Archiveは、トップページは収集しているものの、サブページまでを詳細には収集していないことがあります。
そのような事情を差し引いても、各サイトのこれまでの履歴を知ることができるため、主にトップページのデザインを知りたい時には、有益なツールです。

217

図11-14：Internet Archiveで楽天のサイトデザイン履歴を調査

11・3 コンテンツを作るツール

このパートでは、自社サイトのコンテンツを充実させるために、利用できるツールを紹介します。

■「関連キーワード取得ツール（仮名・β版）」

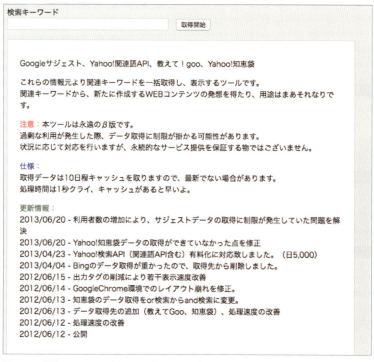

図11-15：関連キーワード取得ツール（仮名・β版）
（http://www.related-keywords.com/）

自社サイトのコンテンツページを作る際に、どのように作っていくか悩むことがあるかもしれません。しかし、「関連キーワード取得ツール（仮名・β版）」を知った後では、悩む必要がなくなります。

関連キーワード取得ツール（仮名・β版）は、Google検索で検索語を途中まで入れると、サジェスト機能がでてきますが、その「Googleサジェスト」と、多くの人が悩みを相談しているQ&Aサービスの「Yahoo!知恵袋」や「教えて！Goo」のタイトルを自動的に収集して一覧にして表示してくれるサービスです。

もちろん、これらのツールを1つ1つ丹念に調べていっても良いですが、一気に調べられるため利便性が高いです。

たとえば、「整体院」という言葉を調べてみましょう（図11-16）。

図11-16：関連キーワード取得ツール（仮名・β版）で「整体院」を表示

すると、たとえば、「教えて！Goo」の質問の中に、「短期間にあちこちの整体院に行くのは身体にとってよくないですか？」といった質問が存在することがわかります。

この質問に対する整体院としての答えを1コンテンツとしてページ化していくことも可能でしょう。Q&Aサイトに投稿してあるような内容は、他の人も質問したいことだと考えて、それを自社サイトに取り入れていくのです。「関連キーワード取得ツール（仮名・β版）」は、コンテンツ作りに悩んだ時にヒントを与えてくれるWebサービスといえます。

■「共起語ツール」

コンテンツを制作していく際に、テーマは、先述の「関連キーワード取得ツール（仮名・β版）」を利用して見つけたとします。次に、実際に文章を書いていく際に、役立つツールがあります。

図11-17：共起語検索ツール（http://neoinspire.net/cooccur/）

共起語検索ツールというWebサービスです。

共起語とは、ある特定の言葉をピックアップした時に、その言葉とともに頻繁に用いられる単語のことを指します。たとえば、「整体院」というキーワードが文章中に出てくると、その文章には「施術」や「肩こり」や「腰痛」といったキーワードが良く用いられます。

図11-17のように、共起語リストのところに表示されています。語彙に自信のある人であれば、このようなツールを参照する必要はありませんが、共起語も調べることでライティングする際に必要な言葉の幅が広がります。ぜひこのようなツールも活用することで、コンテンツの拡充を行っていきましょう。

■ **最新情報をアップデートする「Googleアラート」**

これまでは、調べることにフォーカスしてみてきました。つぎに紹介するツールは、最新情報のアップデートです。

たとえば、デジタルマーケティングに従事している人であれば、デジタルマーケティングについて最新情報を知りたいという需要があるはずです。

ただ、ニュースサイトだけをみていては、デジタルマーケティングに関する情報が抜け落ちることがあります。

そこで、デジタルマーケティングに関する情報があったら、教えて欲しいとGoogleにリクエストしておくことができます。

その方法は、Googleアラートを設定するだけです（図11-18）。

図11-18：Googleアラート（https://www.google.co.jp/alerts）

図11-18のように、「デジタルマーケティング」と設定し、頻度を「週1回以下」、件数を「上位の結果のみ」などと設定していきます。すると、設定した頻度に応じて、設定したメールアドレスに自動的に届くようになります。頻度は「1日1回以下」も選べますが、毎日届くと、頻度が多すぎると感じることもあります。すると結果としてだんだん読まなくなる場合があるので、「週1回以下」程度にすることがおすすめの設定です。

■「Answer The Public」

図11-19：Answer The Public（http://answerthepublic.com/）

ここまででオウンドメディアを強化する10のツールは終わりですが、最後に、日本語に対応していないものの、UIがこなれていてみやすさが特徴的なWebサービスがありますので、参考のために紹介します。
Answer The PublicというWebサービスです。
トップページに表示されている白ひげのおじさんが答えるようなUIになっていて、他のどんなWebサービスとも違うことを伺わせるつくりになっています（図11-19）。

・・・

Answer The Publicに、任意のキーワードを入力すると、そのキーワードに対するアイデアを大量に表示してくれます。たとえば、「Digital marketing」と検索ボックスに入れてみた結果が図11-20です。

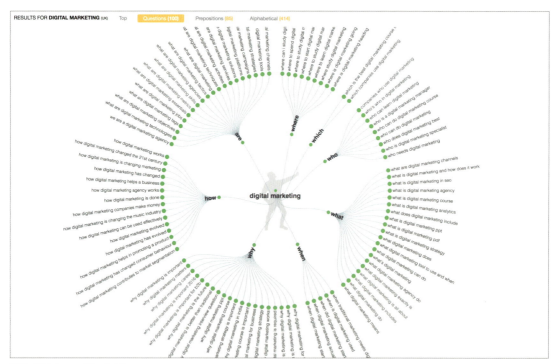

図11-20：Answer The Public

「Digital marketing」という言葉を核として、「where」「which」「who」「what」などの中カテゴリが放射線状に広がり、さらにその先に「who needs digital marketing」といったような質問が並んでいます。この質問をクリックすると、Googleの検索結果画面が表示されます。マインドマップのように、質問を放射線状に一覧でみせるUIが独特です。

> ### まとめ
>
> この講では、オウンドメディアを強化する数多くのツールを紹介しました。本講冒頭の言葉で、『論語』の「無求備於一人」（備わるを一人に求むることなかれ）を紹介しました。「完全な人はいません。しかし、さまざまな人が長所を出し合えば、総合的により強い力となります」というメッセージです。この講で紹介したツールには、それぞれに強みがあります。逆に言えば、1つのツールで完璧に全てがわかるということではありません。複数を組み合わせて使ってみてはじめて強い力となります。まだ使ったことのないツールがあれば、ぜひ、本書を読むだけでなく、実際に自分で利用してみてください。

ちょっと深堀り

今、卒業論文を計画していまして、アンケートを取りたいと思っています。ただ、最低でも100人くらいにアンケートを取りたいです。デジタルなツールを活用してアンケートを取るには、何かよい方法はあるでしょうか?
できれば無料でできたらと虫の良いことを考えています。

いくつかあるね。なるべく無料でつくりたいとなると、Googleフォームの利用をおすすめするよ。
Googleフォームは、選択式や記述式の質問をつくれるので、これでアンケートフォームを作成できる。

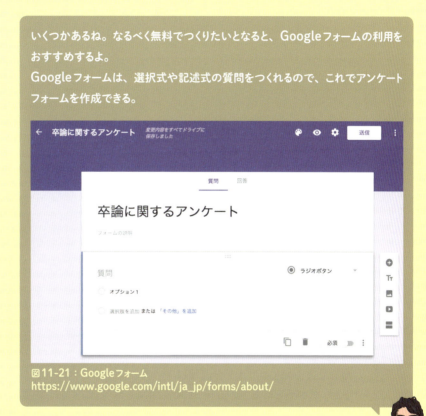

図11-21：Googleフォーム
https://www.google.com/intl/ja_jp/forms/about/

Googleフォームというものがあるんですね。

Googleにアカウントがあれば、無料でつくれるよ。一通りアンケートを作ったら、URLをコピーして、回答は知り合いにLINEなどでお願いしてもいいね。

そんなことができるんですね。便利そうです。

アンケートに答えてもらった後の集計は、Googleスプレッドシートという表計算ツール（マイクロソフトエクセルのようなツール）でできる。そこからグラフを作ることもできるので快適だよ。

そんなことができるなんて知りませんでした。卒論のアンケートがスムーズにできそうです。早速Googleフォームをみてみたいと思います。

考えてみよう

1 あなたが、Webサイトを運営していて、新しいコンテンツページを作ろうとしているとします。アクセス者のニーズを調べて、需要のある質問に答えるページを作るには、どんなツールをどのように活用しますか？

解答例　まず、アクセス者のニーズを調べるには、「キーワードプランナー」と、「関連キーワード取得ツール（仮名・β版）」を活用します。それにより、「キーワードプランナー」では、月ごとのキーワード検索の実数がわかります。また、「関連キーワード取得ツール（仮名・β版）」にて、検索者が該当キーワードについてどのような悩みがあるのかをつかめます。

その上で、コンテンツを作っていきます。コンテンツページを作る時に役立つのは「共起語ツール」です。関連語もコンテンツページに盛り込んでいくようにします。

復習クイズ

1 Googleキーワードプランナーを使用するとどのようなことがわかりますか？

2 Googleトレンドとはどのようなツールですか？

3 Google Search Console は、どのようなWebサービスですか？

4 SEO TOOLSを利用すると、どのようなことを調べられますか？

5 パソコン向けのWebサイトだけでなく、スマートフォンでも閲覧が最適化されているWebサイトのことを、何といいますか？

6 SimilarWebでどのようなことがわかりますか？

7 インターネットアーカイブのwayback machineという機能を利用すると、何がわかりますか？

8 関連キーワード取得ツール（仮名・β版）は、どのようなツールですか？

9 共起語とは、どのような言葉のことですか？

10 Googleアラートはどのようなツールですか？

答え

1. Google キーワードプランナーを使用すると、該当キーワードが月間何回検索されたか、関連性の高いキーワード、各検索数のデータがわかります。

2. Google トレンドとは、Google が提供している Web 検索において、特定のキーワードの検索回数が時間経過に沿ってどのように変化しているかをグラフで参照できるキーワード調査ツールです。

3. Google Search Console は、Google 検索結果でのサイトのパフォーマンスを監視、管理できる Google の無料サービスです。

4. SEO TOOLS を利用すると、下記のような内容を簡単に調べられます。
   ● 特定のキーワードの検索順位
   ● Google のインデックス数
   ● キーワード率
   ● ドメイン取得年月日
   ● 強調タグ

5. モバイルフレンドリーな Web サイト
   （パソコン向けの Web サイトだけでなく、スマートフォンでも閲覧が最適化されている Web サイトのことを、モバイルフレンドリーな Web サイトといい、Google はモバイルフレンドリーな Web サイトを推奨しています。）

6. SimilarWeb で、世界でのランキング、日本でのランキング、国別のアクセス、アクセス元、閲覧者の関心事、似た Web サイトといったことがわかります。

7. インターネットアーカイブの wayback machine という機能を利用すると、過去の Web デザインの履歴がわかることがあります。

8. 関連キーワード取得ツール（仮名・β版）は、「Google サジェスト」の結果や、「Yahoo! 知恵袋」や「教えて! Goo」のタイトルを自動的に収集して一覧表示するサービスです。

9. 共起語とは、ある特定の言葉をピックアップした時に、その言葉とともに頻繁に用いられる単語のことを差します。

10. Google アラートは、最新情報を自動でメールで届けてくれるツールです。

Have the courage to follow your
heart and intuition.

（自分の心と直感にしたがう勇気を持ちなさい）

出典：Steve Jobsスタンフォード大学でのCommencement address（2005）

第12講

ポストスマートフォン時代から
シンギュラリティ、第5次産業革命へ

ポストスマートフォンのデジタルマーケティングについて理解しましょう

はじめに

いよいよ最終講義まで進んできました。この講では、ここまでみてきたデジタルマーケティングの内容を統合していきます。そして、そこから今起きているテクノロジーについて、3Dプリンティング、4Dプリンティング、AI、音声技術などについても学んでいきます。さらにその先にあるシンギュラリティの第5次産業革命までの道筋をみていきましょう。

12・1 第4次産業革命ポストスマートフォン時代

スマートフォンが一巡して現在起こっているポストスマートフォン時代を考えるにあたって、まず、スマートフォン時代を俯瞰してみてみましょう。

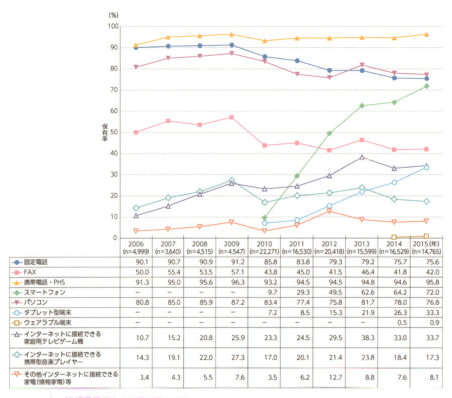

図12-1. 日本の情報通信端末の世帯保有率の推移
出典：総務省 http://www.soumu.go.jp/johotsusintokei/whitepaper/ja/h28/html/nc252110.html

iPhoneが発売されたのが2007年です。翌年の2008年にはAndroidのスマートフォンも登場し、市場が形成されてきました。

図12-1のように、日本でのスマートフォンの世帯保有率は、2015年に72%まで伸びました。

固定電話やパソコンの世帯保有率と同程度です。スマートフォンの普及は、この10年で大きく進みました。

2011年にはキャズムを超えて、普及したことがわかります。

Google検索において、スマートフォンからの検索数のほうがパソコンからの検索数よりも多いことは第5講で紹介したとおりです。

2007年から2017年までの10年間は、ネット接続の主役がパソコンからスマートフォンに移行した期間ですので、この時期は、いわばスマートフォンの時代といえるでしょう。

> キャズムとは、ハイテク業界で、新製品が市場に受け入れられていく際に、デジタル好きな人々の間だけで終わるか、それとも一般的に広まるか、その間の深い溝のことです。アーリーアダプターを超えて、アーリーマジョリティまで普及すれば、その後は、デジタルテクノロジーが急速に普及していきます。普及率が16%のところが深い溝（キャズム）です。
> 参考書：『キャズム』ジェフリー・ムーア 著　川又政治 翻訳　翔泳社

・・・

スマートフォンの性能は年々良くなり、買い替え需要も旺盛で、プロダクトライフサイクルでも成長期から成熟期に達したといえます。

そして、スマートフォンの次の時代（ポストスマートフォンの時代）は、第4次産業革命そのものであり、IoTによる革命です。

このIoTや第4次産業革命のデジタルマーケティングについては、主に第1講から第4講でみてきました。

ポストスマートフォン時代のテクノロジーは、他にどのようなものがあるでしょうか。それは、「ハイプ・サイクル」で推測できます。

> プロダクトライフサイクルには、製品の浸透度合いに応じて、導入、成長、成熟、衰退の4つの時期があります。『Webマーケティング集中講義』でも第3講で扱いました。

■ ハイプ・サイクル

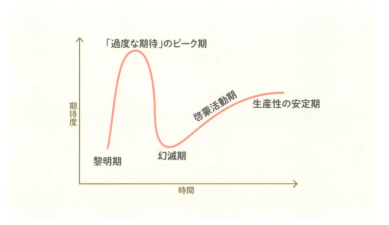

図12-2：ハイプ・サイクル

ハイプ・サイクルとは、特定のテクノロジーやアプリケーション技術の成熟度、採用度、社会への適用度を示す図のことです。米調査会社のガートナーが発表しているサイクルです（図12-2）。

縦軸に期待度を、横軸に時間をとっています。

主にテクノロジーができると（黎明期）、それが知れ渡っていくにしたがって徐々に人々の期待感が高まっていきます。ただ、まだその実態がわからないため、人々は往々にして期待しすぎます。それが「過度な期待」のピーク期です。その後、過大な幻想が解けて幻滅期に入ります。幻滅期とはいいますが、実際にはできることとできないことがわかり、リアリティが増していく時期ですので、単純にマイナスの意味で使われているわけではありません。そこから、より現実的な「啓蒙活動期」に入り、さらに、「生産性の安定期」へと進んでいきます。

ハイプ・サイクルは、新しく出てきたテクノロジーに対して、はじめは実態以上に期待してしまい、その後に冷静になるものだという人の感情を理解しており、さらに図解されているところが秀逸です。個別のテクノロジーの期待度と、実用化までの年数がひと目でわかります。

> ハイプ（Hype）とは、誇大宣伝という意味です。ハイプ・サイクルを直訳すれば、誇大宣伝の周期表といえます。

> ハイプ・サイクルを、恋愛から結婚生活にあてはめて考えてみるとわかりやすいでしょう。つきあいはじめた「黎明期」から、期待感が高まっていき、最高潮のところ（過度な期待）で結婚して、その後、「幻滅期」を通り越して最終的に「生産性の安定期」に入って、家族として成熟していきます。

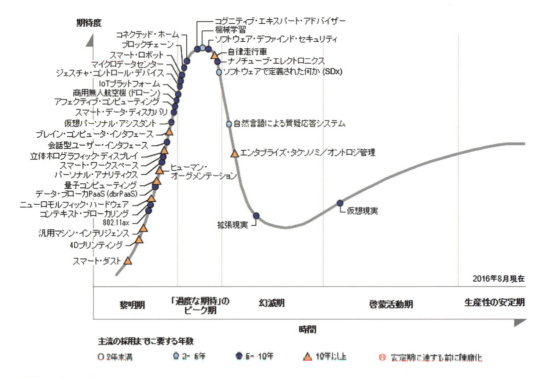

図12-3：先進テクノロジのハイプ・サイクル：2016年　出典：https://www.gartner.co.jp/press/html/pr20160825-01.html

先進テクノロジのハイプ・サイクルの図を見ていきましょう（図12-3）。「啓蒙活動期」に仮想現実、「幻滅期」に拡張現実があります。仮想現実はヴァーチャルリアリティ（VR）、拡張現実はオーグメンテッドリアリティ（AR）です。この段階にあるので、すでによく知っている人も多い言葉でしょう。対応する製品も徐々に出はじめています。

■ 仮想現実 VR

2017年3月現在VRは一般消費者向けに複数のメーカーから発売されています。SONYのゲーム機PlayStationVRや、Oculus Rift、HTC VIVEなどがあります。専用のヘッドマウントディスプレイを装着して、VRの世界に没入します。特にSONYのPlayStationVRはゲーム機がベースになっていることから普及へ向けて着実に進行しています（図12-4）。その状態からも「啓蒙活動期」というのは納得がいきます。

図12-4：VR：PlayStation VR（http://www.jp.playstation.com/psvr/index.html）

■ 拡張現実 AR

AR（augmented reality）は、拡張現実ですので、ヴァーチャルではなく、現実の世界に、さまざまな情報を載せます。たとえば、専用のデバイスでは、過去にメガネ型のGoogle Glassがありました。2012年に主に開発者向けに発売されたものの2015年に1度コンシューマー向けの製品の発売を中止しています。

スマートフォンがなくてもメガネ型の端末で、スマートフォン以上のことができるのではないかと、「過度な期待」があった時期があったことを考えれば、そこから、「幻滅期」に入り、より現実的な時期に移行しているということでもあります。

大型プロジェクトだったため、後退したかにも見えますが、拡張現実自体は、何もメガネ型の端末のGoogle Glassだけにとどまりません。

> Google Glassは、期待をもたせる製品でしたが、メガネ部分にカメラを内蔵しているため、一般の消費者からのプライバシーの問題を完全には払拭できなかったことが発売中止の一因といわれています。

AR：「IKEAカタログ」アプリ

拡張現実（AR）は、スマートフォンでも実現できます。たとえば、「IKEAカタログ」アプリは、家具購入時に参考になるリアリティを感じるアプリです。

引越しや部屋の模様替えで、イスを新たに設置したいとします。ただ、ショールームで見たイスが良いと思って買ったのに、自宅に設置したら、部屋の雰囲気にフィットしないということが起こりえます。

> 第6講で、「IKEA Store」アプリについて紹介しましたが、それとは別に「IKEAカタログ」アプリがあります。

そんな潜在的な失敗を未然に防ぐのが、「IKEAカタログ」アプリです。たとえば、イスを設置したいスペースに、スマートフォンでIKEAカタログアプリを立ち上げてかざします。そして、スマートフォンでアプリ内の任意のイスを選択します。すると、スマートフォンのカメラと連動しているため、そこに本当にイスが存在するかのように、スマートフォン上に表示できます。図12-5のように、本当はなにもないスペースなのですが、そこに、ARを載せることで、スマートフォンで見ている限り、本当にそこにあるかのような精緻さで確認できます。オブジェクトの角度を変えたり、大きさを調整することもできます（図12-5、図12-6、図12-7）。

日々生活していて親しんでいる現実世界のリアルな場所にヴァーチャルの情報を載せるので、イメージがしやすくなります。

もし、2つのイスで迷っていたら、より部屋の雰囲気に近い方を選択することが簡単になります。ミスマッチが減らせるため、拡張現実の活用方法として優れています。

図12-5：
AR：IKEAカタログ アプリ
イスを置くスペース

図12-6：
AR：IKEAカタログ アプリ
ヴァーチャルにイスを設置1

図12-7：
AR：IKEAカタログ アプリ
ヴァーチャルにイスを設置2

> ゲームの世界では、2016年に世界的にブームとなったPokémon Goも拡張現実の事例といえます。このアプリにより、Pokémonのキャラクターを捕まえるために外に出る人が続出しました。拡張現実により、人々を動かしたアプリともいえます。

ここまで、ハイプ・サイクルの「幻滅期」、「啓蒙活動期」のテクノロジー
を見てきました。それに対して、ハイプ・サイクルの左の端の黎明期にある
技術はどうでしょうか。「4Dプリンティング」について考えてみましょう。
ただ、4Dプリンティングについて紹介する前に、特殊な状況でもない限り、
3Dプリンタを利用したことがない人も少なくないでしょう。そこで、まずは、
3Dプリンティングから話を始めましょう。

■ 3Dプリンティング

3Dプリンティングとは、立体印刷技術のことです。第6講の「ちょっと深
掘り」の最後にも出てきた3Dプリンタですが、極めて応用範囲が広い技
術です。デジタルマーケティングに活用できます。1980年代から存在する
技術ですが、2010年代に入って、業務用のハイエンドの製品と、コンシュ
ーマー向けの一般向けの製品の双方で充実して、普及してきたテクノロジ
ーです。
ここでは、次の3つの分野を紹介します。

- 試作
- 唯一のプロダクト
- 3Dデータ販売

です。

試作

マーケティングの現場で、試作品が必要なことがあります。たとえば、消費
財メーカーが新しいシャンプーを企画する時のことを考えてみましょう。ド
ラッグストアに並んでいるシャンプーボトルは、形状がさまざまです。これら
のボトルデザインは、消費財メーカーや外部のデザイナーが担っています。
このボトル形状の試作品は、従来は木材から切削加工されたり、粘土から
造形されることが多くありました。手作業ですので、設計データを元にして
試作品を作るには時間と費用がかかりました。それが3Dプリンタを活用す
ることで、データに正確に1つ単位で作れるようになりました。さらに樹脂の
素材で試作品を作れば、実際にシャンプーを容器に入れて、使い勝手も調
べられます。3Dプリンタは試作の世界を変えたといえるテクノロジーです。

第12講

ポストスマートフォン時代から
シンギュラリティ、第5次産業革命へ

唯一のプロダクト

従来は「世界に1つしか無い商品」という枕詞がつくものは、ハンドメイドの製品というのが常でした。しかし、3Dプリンタを活用すれば、世界にただ1つの商品をつくれます。

たとえば、人の立体のポートレイト（フィギュア）を例に取ってみましょう。従来、人物の立体像を制作する時に、たとえば高さ30センチの人物の模型を手で作るには、相応の技術力と時間がかかりました。または、アート作品の領域でした。

それが、3Dプリンタを活用すると容易に制作できます。まず、3Dスキャンで制作対象の写真を360度様々な方向から撮ります。それをデータとして組み合わせて3Dプリンタで出力させると、立体のポートレイトになります。もちろん作品性のある手作りの立像と同列に比べる訳にはいきませんが、3Dプリンタの場合は、スキャンデータに忠実に精巧にできるのが特徴です。

> 360度の写真を元にした立体ポートレイトの制作は、大きさによって価格は変わりますが、2013年には高さ30センチで10万円程度だったものが、4年後の2017年には約半額の5万円程度で制作するサービスがあります。

3Dデータ販売

3Dプリンティングのためのデータを販売するという市場も生まれつつあります。これまで、3Dの造形データを作るのが得意なクリエイターが、データをつくっても、そのデータを自分で売ろうとした時に、買い主を見つけにくいことがありました。

図12-8：DMM.make（http://make.dmm.com）

そういったクリエイターと買い主を仲介する、プラットフォームがでてきています。

たとえば、DMM.makeというサービスがあります（図12-8）。DMM.makeには、複数の機能があり、自分で作った3Dプリンティング向けのデータは、DMM.makeのクリエイターズマーケットで販売できます。購入者も気軽に買えるマーケットです。

さらには、3Dデータを制作できる人が、受託する場合を考えてみましょう。たとえば、クラウドソーシングサービスの「クラウドワークス」には、「3Dプリンター用データ作成」というカテゴリがあります。つまり、クラウドソーシングで仕事を請け負うことも可能です。

・・・

DMM.makeには、3Dプリンタの出力サービスがあるため、データを持っている人が、出力サービスだけ注文することもできます。

このようにして、3Dプリンティングにまつわる市場はすでに存在しており、データを売買するようなマーケットプレイスもあることがわかりました。
コンシューマー向けでは、本講義冒頭の「日本の情報通信端末の世帯保有率の推移」のグラフが示すとおり、パソコンは8割の世帯で保有する一方で、FAXがある家はその約半分です。
3Dプリンタはどこまで普及するでしょうか。それは、用途の開発次第です。第6講の「ちょっと深掘り」の流れでいえば、作られたモノをよりはやく配達するのではなくて、3Dデータを買って、自宅の3Dプリンタで出力するというような需要が増えれば、普及にはずみがつくでしょう。
たとえば、スマートフォンのケースを、モノとして買うのではなく、3Dプリンタ用のデータとして買って、それを3Dプリンタで出力するというようなことです。「すぐにその場で」できます。
すると、ほしい時に、自宅のプリンタで出力できるため、その分の物流は不要になります。
3Dプリンタの用途が開発されるか否かで、普及するかどうかが決まります。

3Dプリンティングで開発が進められている2つの分野：航空宇宙分野では、国際宇宙ステーションに部品がなくても、3Dプリンタがあれば、データを地球から送ることで、宇宙ステーション内で部品を作ることができるようになります。
医療分野では、臓器自体を3Dプリンタで作ることを研究しています。たとえば、臓器プリンティングにより、心臓をプリントするようなことです。

第12講　ポストスマートフォン時代からシンギュラリティ、第5次産業革命へ

237

■ 4Dプリンティング

4Dプリンティングとは、4次元の印刷術ということです。1次元は線、2次元は面、3次元は空間です。そして、4次元は時間軸が加わります。時間軸の加わった印刷技術とはどのようなものでしょうか。

図12-9：4Dプリンティング　before

図12-10：4Dプリンティング　after

MITのスカイラーティビッツ（Skylar Tibbits）らによって研究が進められています（図12-9、図12-10）。

4Dプリンティングの印刷自体は、3Dプリンタを活用します。ただ、プリント素材にタンパク質でできた特殊な情報が書き込まれています。その書き込み情報により、印刷物を水に入れたり、振ったり、熱を加えたりすることで、はじめにプログラムされた形へと変形します。意図された刺激を加えると（外的刺激を与える時に、時間も加わります）、変形しますので、4次元というわけです。

TEDでのプレゼンテーション動画
「スカイラー・ティビッツ：世界を変える4Dプリンティング」
https://www.ted.com/talks/skylar_tibbits_the_emergence_of_4d_printing?language=ja

・・・

4Dプリンティングは、主流のサービスになるには10年以上かかるとガートナーは推測しています。まだ詳しく知らない人が多いというのは「黎明期」にあるからです。

可能性のある技術です。スカイラー・ティビッツのプレゼンテーションによれば、たとえば、宇宙環境などの厳しい場所でも活用できる可能性があります。さまざまな可能性が検討される時期ですので、ハイプ・サイクルの「過度な期待」のピークへと着々と登っていきます。

このハイプ・サイクルをみていると、次に耳目を集める技術に対して、人々の期待感がどの段階にあるのかがわかります。そして、あとどれくらいで実用化して普及していくのかといったことの目安もわかります。

■ 自然言語による質疑応答システム

「自然言語による質疑応答システム」は、幻滅期に入っています。主流の採用までに2-5年になっています。iPhoneのsiriが実装されたのが、2011年で、2012年には日本語にも対応を開始しました。多くの人が利用するプラットフォームに登場してから、5年から10年ほどで普及していくことがわかります。

第12講　ポストスマートフォン時代からシンギュラリティ、第5次産業革命へ

■ Amazon Echo

スマートフォンやパソコンだけでなく、専用の端末が2014年にアメリカで発売されています。Amazon Echoです（図12-11）。

図12-11：Amazon Echo

たとえば、Amazon Echoは自宅のリビングに置かれていて、今日の天気を口頭で尋ねると、音声で答えてくれるというような端末です。

IoTで家庭の機器がネットにつながっていることが前提ですが、Amazon Echoに口頭で、音楽をかけたり、電気を消すようにいうと、実行してくれます。Amazon Echoへ話された言葉は、Amazonのクラウドで人工知能（AI）が解析して、音声で答えを返すという流れになります。機械学習を採用していて、利用する人が増えているため、日に日にレスポンスの正確性が高まっているというメリットがあります。

> Amazon Echoは、英語とドイツ語に対応しています。2017年2月現在、日本語には非対応です。

■ Google Home

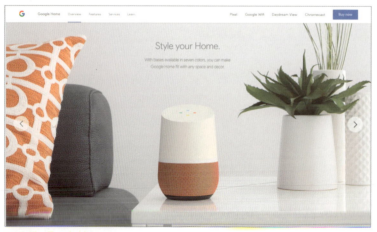

図12-12：Google Home

Amazon Echoと同様の音声認識のIoT機器にGoogle Homeがあります。2016年にアメリカで発売されています。

Google検索が音声でできることに加えて、2017年には音声によるショッピングもできるようになりました。2017年2月現在ではGoogle Homeも日本では未発売です。

■ ■ ■

ポストスマートフォンの時代になり、AmazonもGoogleもネットにつながる据え置き型の端末を発売しているところが興味深いところです。特にAmazon Echoは、他のIoT機器とネットでつながり制御の要となることが目されています。スマートフォンすら持たずに、音声で操作できる特徴があります。

■ YouTube動画の多言語翻訳

2017年2月、YouTubeは、毎日YouTubeに公開される動画10億本に対して自動的に字幕をつけていると発表しました。

しかも、動画で話されている言語の音声を解析して字幕にするだけでなく、さらに多言語へ翻訳して画面上にキャプションを表示しています。

出典：YouTube Official Blogより
https://youtube.googleblog.com/2017/02/one-billion-captioned-videos.html

■ ■ ■

第8講でも紹介した世界で最も稼いでいるYouTuberのPewDiePieにも適用されています。PewDiePieは英語で話していますが、YouTubeが施した自動翻訳で日本語の字幕を表示できます。完璧ではないかもしれませんが、意味が通る程度には翻訳がされていることがわかります。

YouTubeでは自動翻訳自体は2009年から実装されていますが、はじめは精度が高くありませんでした。現在は翻訳精度は上がっており、人の翻訳の精度に近いくらいまで改善されているといいます。

音声を認識し、翻訳をする技術は機械学習とあいまって、さらに進化をしています。

第12講
ポストスマートフォン時代からシンギュラリティ、第5次産業革命へ

241

12・2　第5次産業革命のシンギュラリティへ

ここまでさまざまなテクノロジーについて紹介してきました。
野村総合研究所より2015年12月に発表された試算によれば、今後10年から20年後に、日本の労働人口の49%が人工知能やロボット等で代替可能とのことです。

出典：野村総合研究所
「日本の労働人口の49％が人工知能やロボット等で代替可能に」
http://www.nri.com/Home/jp/news/2015/151202_1.aspx

つまり、約半分の仕事が無くなることを示唆しており、現在の仕事が無くなるかもしれないと不安に思っている人もいます。
しかし、ここまで学習をすすめてきたあなたはどのように感じているでしょうか。

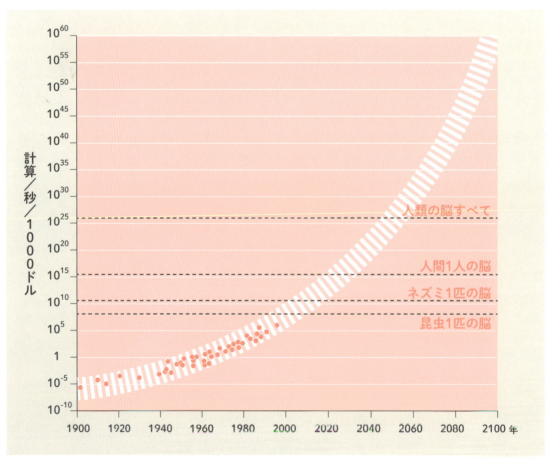

図12-13．コンピューティングの指数関数的成長
出典：『シンギュラリティは近い [エッセンス版]』(レイ・カーツワイル著　NHK出版)

3Dプリンティングだけでも、BtoB向け、BtoC向け双方に、新たなマーケットが生まれていることを理解したでしょう。デザイナーであれば、3Dデータを作るクリエイターになってもよいでしょうし、すでに写真館を運営している事業者であれば、3Dスキャンと、3Dプリンタを導入して、記念写真を撮りに来店する顧客向けに3Dプリンティングサービスを提供しても良いでしょう。

たしかに第4次産業革命によって、従来の仕事がロボットやIoT機器やAIに代替されていく流れはあります。

ただし、それ以上にさまざまなテクノロジーが生まれていて、大きなチャンスが広がっていることも同時に理解しているのではないでしょうか。

・・・

第4次産業革命は、IoTによりクラウド上に情報が集められるものの、最終的な判断は人が行うものでした。本書ではシンギュラリティが起こる地点を第5次産業革命と定義します。

シンギュラリティは、技術的特異点と訳されます。テクノロジーの進歩によって、科学技術が自ら優れたテクノロジーを生み出せるようになる地点を指します。

コンピュータの能力の成長は指数関数的です。とくにスーパーコンピュータの成長は処理能力が2倍になるのに1.2年しかかかりません。

・・・

このようにして、コンピュータの性能が上がっていき、シンギュラリティの提唱者の1人のレイ・カーツワイルによれば、2045年ころに技術的特異点が起こるとしています（図12-13）。

シンギュラリティに達すると、コンピュータが人類全体の知能を超えます。すると、人がコンピュータの判断について、なぜそのような結論を出したのか理解することすらできなくなる可能性があります。

たとえていえば、金魚が人を見た時に（金魚が人間を認識できればの話ですが）、なぜ人がそのように振る舞うのかがわからないように、人がコンピュータの挙動を理解できなくなる点がシンギュラリティです。

これから先の10年間と限定しただけでも、テクノロジーによる社会変革が進みます。そして、ここまで学んできたデジタルマーケティングの観点をもつとさまざまなチャンスに気づくはずです。

参考書：『シンギュラリティは近い［エッセンス版］』レイ・カーツワイル著　NHK出版

技術的特異点はある1点だとするシンギュラリティではなくて、特異点が分野ごとに何度かに分けて起こるマルチラリティという考え方もあります。

第12講　ポストスマートフォン時代からシンギュラリティ、第5次産業革命へ

ちょっと深掘り

 この講義は、VRやAR、さらにその先のシンギュラリティを扱う内容でした。

 現在起きているテクノロジーの進展と、到来する未来については、悲観的になることはないし、チャンスが十分にあるということだね。

 これから私が社会に出ていくことを考えた時に、今ある仕事の半分が無くなると言われると、それでもやはり心配になります。

 そうだね、ビジネスモデルの寿命も短くなってきているから、せっかく入社した会社での仕事も未来永劫あるとはかぎらない。

 どうしたら良いのでしょうか？

 確かに無くなる仕事がある一方で、新しくできる仕事もあるね。第8講で扱ったYouTuberもその1つ。世界1位のYouTuberは、17億円も稼いでいたね。それは別格としても、インターネット関連の職業は無数にあるよ。

 インターネット産業は私が生まれる前には無かったなんて信じられません。

 そうだね、商業インターネットが成立したのが1990年代半ばだから、この20数年の間に急速に立ち上がった産業で、今となってはインターネットが無かった世界を考えるのが難しいほどだね。

 これまでの20年のように、これからの20年もテクノロジーの変化に応じて、これから新しく生まれる仕事があるということですね。でも、いつも最新の情報をキャッチアップしていくのが大変そうです。

> そうだね。テクノロジー以外の視点で、もう1つ無くなりにくい仕事があるよ。

> どのような仕事でしょうか？

> 人の感情を扱う仕事だね。たとえば、プロ野球やサッカーといったプロスポーツは、無くなりにくい。

> そう言われてみれば、スポーツを見るのは、逆転があったり、たまにあっけない幕切れがあったり。思わず見てしまいます。

> そうだね。人と人との真剣勝負を見るものだから、人でないと意味がなくなるので、無くなりにくい仕事の代表だね。スポーツに限らず、人の感情を扱う仕事と考えると、ヒントがでてくるよ。
> 「扉の言葉」で、スティーブ・ジョブズが、Have the courage to follow your heart and intuition.（自分の心と直感にしたがう勇気を持ちなさい）と言っているね。自分のアンテナにひっかかるワクワクするものを追求しなさいということだね。

> そのヒントが新しいテクノロジーや人を感動させる仕事の分野にもありそうだというわけですね。どんなことができるか考えてみます。

> そうだね、考えつつ、直感にしたがって実際に行動してみるといいね。

> わかりました、なんだか少しワクワクしてきました。ありがとうございました。

> 12回の講義を通してずいぶん成長したね。おつかれさま、また、どこかで会いましょう。

第12講　ポストスマートフォン時代からシンギュラリティ、第5次産業革命へ

考えてみよう

1 音声技術や人工知能を使って、あなたならどのようなサービスを作りますか？ または、どのようなサービスがほしいか、考えてみましょう。

音声入力日記でその日の気分をパイチャート分析

解答例 日記をつけるという行為は、これまで紙に書いたり、アプリに記載していくというものでした。これを音声技術を活用してスマートフォンに話していきます。その日にあった出来事を話します。すると、その話をスマートフォンからクラウドにあげられて、人工知能が解析して、その日の気分を円グラフで表示するようなことができます。

愉しみ（Joy）、怒り（Anger）、悲しみ（Sadness）、嫌悪感（Disgust）といった感情です。

日記帳に毎日日記をつけることは簡単ではないですが、音声での入力であればハードルは低くなります。そして、こういったデータを1日だけでなく、一定期間行うと、その人のメンタルヘルスの状況も客観的なデータとしてわかるようになります。

解説 音声で入力した日記を解析することが本当にできるのかですが、実際には、2016年12月にTech Crunchが主催したDisruptというロンドンのハッカソンで優勝したチームが上記のようなことを発表しています。Emotion Journalというチームです。音声データの解析にはIBMの人工知能Watsonを活用しています。

● The Emotion Journal （デモのため予告なく閉鎖される可能性があります）
　　https://emotionjournal.online/

詳細：TechCrunch Disrupt London 2016
　　http://jp.techcrunch.com/2016/12/06/20161204emotion-journal-london-hackathon/

復習クイズ

1 シンギュラリティとは何でしょうか？

2 3Dプリンティングとはどのような技術ですか？

3 VRは何の略ですか？

4 ARは何の略ですか？

5 ハイプ・サイクルについて説明してください。

答え

1. シンギュラリティは、技術的特異点と訳されます。テクノロジーの進歩によって、科学技術が自ら優れたテクノロジーを生み出せるようになる地点を指します。

2. 3Dプリンティングとは、立体印刷技術と訳されます。3Dプリンターを用いて立体物を造形する時に活用される技術です。

3. VRとは、ヴァーチャル・リアリティ（Virtual Reality）の略です。

4. ARとは、オーグメンテッド・リアリティ（Augmented Reality）の略です。

5. ハイプ・サイクルとは、特定のテクノロジーやアプリケーション技術の成熟度、採用度、社会への適用度を示す図のことです。

あとがき

私が子供の頃、1970年代から80年代は、ゆるやかに時間の流れるのどかな時代でした。天気予報はテレビニュースで知る時代でした。新聞にも天気予報は載っていましたが、大ざっぱで、あまり当てになりませんでした。テレビで天気予報を放送しているタイミングを逃すと、今すぐ確認したい時には、177の電話天気予報をダイヤルしました。むろん現在のようにスマートフォンアプリでリアルタイムに雨雲の動きがわかるようなことはありません。特別なことがなければ、日々の生活の中では、177に電話してまで天気予報を調べることはなく、テレビの天気予報を見過ごしたら、朝、空を見上げて、傘を持っていくかどうかを決めていました。そして、傘を持っていかない日に限って雨が降ったものです。

■ ■ ■

大学生の時、1994年に『ポスト資本主義社会』ピーター・ドラッカー著（ダイヤモンド社）を読みました。第1講の扉の言葉で紹介したように、

> われわれは、明らかに、いまだこの転換期の真っ只中にいる。もしこれまでの歴史どおりに動くならば、この転換期が終わるのは、2010年ないしは2020年となる。
> しかしこの転換期は、すでに世界の政治、経済、社会、倫理の様相を変えてしまっている。1990年に生まれた者が成人に達する頃には、

彼らの祖父母の生きた世界や父母の生まれた世界は、想像することもできないものとなっているであろう。

と書いています。

そんなことはあるのでしょうか。社会は発展していたものの、これ以上のペースで進むのかと思いました。社会の進み具合は、今と比べて驚くほどゆっくりで、新しいことは新聞で知りました（今はスマホのニュースで知って、翌朝の新聞でより深い情報を確認することもままあります）。

■ ■ ■

ドラッカーのいう変革は本当なのかいぶかしかったのですが、1994年という年は、第3次産業革命が本格的に幕を開ける前年でした。

大学のコンピュータ室で、Windows 3.1を触りました。そこでモザイクというブラウザを使って、はじめてネットに接続しました。ダイヤルアップのピーヒャラーという接続音の後にネットにつなげ、リンクをたどっていくと、カリフォルニアの大学生が作ったWebサイトが表示されました。

この時に、リアルタイムに地球の裏側と繋がったという意識をはじめてもちました。

リアルワールドとは違うインターネットの果てしなく拡がる地平線がはっきりと見えた瞬間でした。

翌年の1995年にWindows 95が発売されて、第3次産業革命が本格化しました。そして、その20年後の2015年に第3次産業革命は成熟期を迎えまし

た。第3次産業革命は、ネットの世界の創出と、人がネットにつながることで起こる革命でした。パソコン・スマホ・タブレットの普及が明らかな事例です。スマホは、身体から30センチ以内、寝るときも肌身離さず持っている人も少なくありません。

そして第4次産業革命が幕を開けました。第4次産業革命は、モノがインターネットにつながることで起こる変革です。

家のドアや服など、まだネットにつながっていないあらゆるモノにセンサーがつくようになります。そしてネットに繋がり、常時トラッキングするようになります。実際、業務用の洗濯機には、LANケーブルがついており、すでにネットにつながるようになっています（本文でも詳しく紹介しました）。

私は、企業向けにWebマーケティングを提供する一方で、大学でデジタルマーケティングに関する講義を受け持っています。ドラッカーが言った1990年以降に生まれた世代に対して教えています。デジタルネイティブたちです。彼らにとっては、スマートフォンが当たり前なので、天気予報を電話で177で調べるなどということは、思いもよりません。

つまり、ドラッカーのいった1990年に生まれた者が成人になる頃には、祖父母の生きていた時代を想像することすら難しいだろうという言葉は、すでに祖父母の時代でなく、親子ほどの世代でも起こりつつあるのです。

時代には不可逆性があります。天気予報を177で調べていたのどかな時代に戻ることは永遠にありません。

現在は第4次産業革命がはじまったチャンスに満ち溢れた時期です。

最後まで読んでくださったあなたにとって、実益がありますことを願っております。

・・・

本書を完成させるにあたり多くの人の協力を得ました。

小原聖健さんには、原稿を書いた段階でレビューをお願いしました。気になる点があればフィードバックしてもらいました。一番はじめの読者でもあります。

編集者は前作に引き続きマイナビ出版の角竹輝紀さんです。なかなか進まない原稿を辛抱強く待ってくださっただけでなく、本としての読みやすさにこだわり、構成・レイアウトも含めページを繰るのが楽しくなる本に編集してくださいました。

また、イラストも前作に引き続き鎌田美咲さんに描いてもらいました。

最後にいつも支えになってくれている家族に感謝します。

・・・

Don't stop believing!

2017年4月
株式会社カティサーク代表取締役　押切孝雄
www.cuttysark.co.jp

INDEX

■ 数字

1:5の法則	164
3Dプリンティング	235
4Dプリンティング	238

■ A

AI	015, 240
AIDMA	049
Airbnb	060
AISARE	048, 051, 077
AISAS	049
akippa	105
Amazon Echo	240
Amazon Go	025
Amazon Prime Now	100
Answer The Public	223
AR	233

■ B

BtoC	097

■ C

CTR	211

■ D

DAU（daily active users）	086, 136
DMM.make	237

■ E

EC	096

■ F

Facebook	136, 138, 139
Facebook広告	173
Fintech	028

■ G

Google	119, 121
Google Home	241
Google Search Console	200, 210

Googleアナリティクス	189
Googleアラート	222
Googleキーワードプランナー	200
Googleトレンド	078, 209
Googleフォーム	225
Googleマイビジネス	077, 082
Googleローカルガイド	045

■ I

ICタグ	026
IKEA Store	102
IKEAカタログ	234
Instagram	136, 139, 167
Internet Archive	217
IoT	004, 015, 022, 065

■ K

Kickstarter	110

■ L

LINE	086
LINE公式アカウント	086
LINE@	087

■ M

maneo	111
MAU（monthly active users）	086, 136

■ R

RFID	026

■ S

SEO	119
SEOの歴史	121
SimilarWeb	215
SNS	044, 136
SWOT分析	043

■ T

Twitter	142
Twitterアナリティクス	145
Twitter広告	168

▪ U

UI	066
UX	062, 103

▪ V

VR	233

▪ W

Web広告	198
Webマーケティング	002

▪ Y

Yahoo!	121
Yahoo!リアルタイム検索	143
YouTube	147, 178
YouTuber	147
YouTubeアナリティクス	178
YouTube検索	186

▪ ア行

アーンドメディア	204
アクセス解析	008, 189
アクティブ率	136
アプリの使いやすさ	068
意識的	043
インターネット広告	158
インダストリアルインターネット	015
インダストリー4.0	015
インタレストターゲティング	171
インプレッション	145
エヴァンジェリスト	048
エンゲージメント	076, 089, 145, 192
オウンドメディア	204
オーディエンス	161
オーディエンスインサイト	146
オーディエンス配信	162
おすすめアプリ	168
おすすめユーザー	169
オリジナルコンテンツ	131

▪ カ行

快適さ	044
「快適さ」の欲求	047
拡張現実	233
カスタムオーディエンス	161
仮想現実	233
価値主導のマーケティング	041
関連キーワード取得ツール (仮名・β版)	219
関連性	084
キーワードターゲティング	169
キーワードの選定	205
機会	043
キャズム	231
キュレーションサイト	128
脅威	043
共起語検索ツール	221
距離	085
グーグルサーチコンソール	210
クーポン	089
クチコミ	046
クラウドソーシング	109

251

クラウドファンディング	109
クリエイターツール	178
クリックスルーレート	211
クリック率	211
限界費用	058
限界費用ゼロ	059
検索キーワード	211
検索クエリ	200, 211
検索による流入	194
公式アカウント（LINE）	086
コンテンツSEO	127
コンテンツマーケティング	118, 129

■ サ行

再生時間	180, 187
再生場所	181
サテライトサイト	125
シェアリングエコノミー	103
自己実現のマーケティング	041
事前期待のマネジメント	064
視聴回数	180
視聴者維持率	183
収益化	138
消費者志向のマーケティング	041
シンギュラリティ	243
人工知能（AI）	015, 240
心理的ニーズ	043
ステルスマーケティング	052, 150
スパム行為	126
スマートウォッチ	017
スマートフォン	101, 182, 213, 231
スマホアプリ	103
スモールワード	170
請求書の発行	029
製品中心のマーケティング	041
セルフレジ	025
潜在意識的	043
相互リンク	125
ソーシャルグラフ	160
ソーシャル・ネット・ワーキング・サービス	136
ソーシャルレンディング	111

■ タ行

ターゲット	161
第1次産業革命	014
第2次産業革命	014
第3次産業革命	015
第4次産業革命	015, 243
第5次産業革命	016, 243
多様性	044
「多様性」の欲求	047
端末	182
知名度	085
ツイートアクティビティ	145
つながり	044
つながりの層（レイヤー）	139
つながりの濃淡（グラデーション）	141
「つながり」の欲求	047, 139
ディレクトリ型検索エンジン	121
テクノロジー自動化	022
デジタルサイネージ	175
デジタルマーケティング	002
独自性	044
「独自性」の欲求	047
トラフィックソース	185
トリップアドバイザー	049
トリプルメディア	204
ドローン産業	010

■ ナ行

ナレッジパネル	081
人間の4つの根本的欲求モデル	043
ネットショップ	099

■ ハ行

ハイプ・サイクル	231
パンダアップデート	126, 127
被リンク	124
フィードバック	046
フィンテック	028
フォロワー	169
フォロワーターゲティング	171
プッシュ（Push）型	089
ブラックハットSEO	124

フリーミアム	030, 147
プル（Pull）型	089
プロダクトライフサイクル	231
ブロック	090
プロモアカウント	169
プロモツイート	168
平均再生率	183, 184
平均視聴時間	180
平均ページ滞在時間	192
ペイドメディア	204
ページランク	123
ペンギンアップデート	126
ホワイトハットSEO	124

■ マ行

マーケティング1.0	041
マーケティング2.0	041
マーケティング3.0	041
マーケティング4.0	040, 041
マーケティングオートメーション	031
マズローの5段階欲求説	041
まとめサイト	128
マネタイズ	138
見込み客	031
見込み客育成	031
見込み客獲得	031
メールマガジン	165, 196, 197
メルカリ	107
モノのインターネット	004
モバイルフレンドリー	213
モバイルフレンドリーテスト	214

■ ヤ行

ユーザーインターフェイス	066
ユーザーエクスペリエンス	062
ユーザー数	136
ユーザー層	186
ユーザー体験	062, 103

■ ラ行

リアル店舗	099
リードジェネレーション	031

リードナーチャリング	031
リスティング広告	161
リターゲティング広告	161
リツイート	169
リマーケティング広告	161, 173
リンクファーム	125
類似オーディエンス	165
ローカルビジネス	076
ロボット	027
ロボット型検索エンジン	121
ロボットによる自動化	027

■ ワ行

ワードサラダ	126

参考文献

- **ポスト資本主義社会**
  ピーター・F・ドラッカー（著），
  上田 惇生（翻訳），田代 正美（翻訳），佐々木 実智男（翻訳）
  ダイヤモンド社

- **DIGITAL DISRUPTION**
  ジェイムズ・マキヴェイ（著），プレシ 南日子（翻訳）
  実業之日本社

- **限界費用ゼロ社会**
  ジェレミー・リフキン（著），柴田 裕之（翻訳）
  NHK出版

- **Marketing 4.0**
  Philip Kotler（著），Hermawan Kartajaya（著），Iwan Setiawan（著）
  Wiley

- **〈インターネット〉の次に来るもの**
  ケヴィン・ケリー（著），服部 桂（著，翻訳）
  NHK出版

- **シンギュラリティは近い［エッセンス版］**
  レイ・カーツワイル（著），NHK出版（編集）
  NHK出版

- **第4次産業革命**
  三橋 貴明（著）
  徳間書店

- **レイヤー化する世界**
  佐々木 俊尚（著）
  NHK出版

- **Twitter広告運用ガイド**
  高橋 暁子（著）
  翔泳社

- **Facebook広告運用ガイド**
  岡弘 和人（著）
  翔泳社

- **プロが教えるYouTubeビジネス活用術**
  石割 俊一郎（著）
  秀和システム

- **UXの時代**
  松島 聡（著）
  英治出版

- **ジェフ・ベゾス 果てなき野望**
  ブラッド・ストーン（著），滑川 海彦（解説），井口 耕二（翻訳）
  日経BP社

- **孫子**
  村山 孚（著）
  PHP研究所

- **全文完全対照版 論語コンプリート**
  野中 根太郎（著）
  誠文堂新光社

- **空飛ぶロボットは黒猫の夢を見るか?**
  高城 剛（著）
  集英社

- **IoTビジネスモデル革命**
  小林 啓倫（著）
  朝日新聞出版

- **シェアリング・エコノミー**
  宮崎 康二（著）
  日本経済新聞出版社

- **いつまでもデブと思うなよ**
  岡田 斗司夫（著）
  新潮社

- **ポスト資本主義**
  広井 良典（著）
  岩波書店

- **未来に先回りする思考法**
  佐藤 航陽（著）
  ディスカヴァー・トゥエンティワン

- **コトラー&ケラーのマーケティング・マネジメント**
  フィリップ・コトラー（著），ケビン・レーン・ケラー（著），
  恩藏 直人（監修），月谷 真紀（翻訳）
  丸善出版

- **マネジメント［エッセンシャル版］- 基本と原則**
  ピーター・F・ドラッカー（著），上田 惇生（翻訳）
  ダイヤモンド社

- **はじめてでもよくわかる!**
  Webマーケティング集中講義
  カティサーク押切 孝雄（著），上田 大輔（著）
  マイナビ出版

著者紹介

押切 孝雄（おしきり たかお）
株式会社カティサーク　代表取締役

1975年山形県生まれ。大手ディベロッパーを経て、英国の大学院にて修士号を取得。2004年カティサークを設立し、以来10年以上にわたり、Webサイト制作運営・デジタルマーケティング・コンサルティング事業を行う。
ホームページの問い合わせからの売上だけで、数億円を超える企業が続出するなど、特にBtoB企業のホームページリニューアルと改善のコンサルティングに実績がある。
会社の使命は、Webの効果的な活用法を世界中に広めること。
理論と実践を重視し、実際の企業のマーケティングで効果が実証されたことは、著書で理論化し、さらに複数の大学で講師（「Webマーケティング」、「Eコマースとマーケティング」など）をするなど、若い世代への指導にもあたっている。
デジタルマーケティングのエヴァンジェリストとして、ITの効果的な活用方法をセミナーや講演にて伝えることに定評がある。
文京学院大学・明星大学非常勤講師

【著書】『はじめてでもよくわかる！　Webマーケティング集中講義』（マイナビ出版）、『グーグル・マーケティング！』（技術評論社）、『YouTubeビジネス革命』（毎日新聞社）他多数

STAFF

本文イラスト：鎌田 美咲

ブックデザイン：岩本 美奈子

DTP：大西 恭子

編集：角竹 輝紀

はじめてでもよくわかる！
デジタルマーケティング集中講義
2017年4月17日　初版第1刷発行

　　　　　著者　押切 孝雄
　　　　発行者　滝口 直樹
　　　　発行所　株式会社 マイナビ出版
　　　　　　　〒101-0003　東京都千代田区一ツ橋2-6-3　一ツ橋ビル 2F
　　　　　　　☎0480-38-6872（注文専用ダイヤル）
　　　　　　　☎03-3556-2731（販売）
　　　　　　　☎03-3556-2736（編集）
　　　　　　　E-Mail：pc-books@mynavi.jp
　　　　　　　URL：http://book.mynavi.jp
　　印刷・製本　株式会社ルナテック

© 2017 Takao Oshikiri, Printed in Japan.
ISBN 978-4-8399-6161-9

■ 定価はカバーに記載してあります。
■ 乱丁・落丁についてのお問い合わせは、TEL：0480-38-6872（注文専用ダイヤル）、
　 電子メール：sas@mynavi.jpまでお願いいたします。
■ 本書は著作権法上の保護を受けています。本書の一部あるいは全部について
　 発行者の許諾を得ずに、無断で複写、複製することは禁じられています。